내가 물려받은 미토콘드리아 DNA와
내가 물려준 미토콘드리아 DNA에게

★★ 어쩌면 당신이 원했던 ★★

과학 이야기

어쩌면 당신이 원했던

과학이야기

이송교 지음

Booksgo

프롤로그

여러 과학 분야가 모인 퀼트 이불처럼

나는 핵물리학을 전공했다. 물리학 중에서도 가장 기본 입자를 다루는 학문이다. 세상의 모든 것을 쪼개고 또 쪼개서 더는 쪼개지지 않는 기본 입자들을 연구했다. 이 세상이 레고 월드라면 레고 브릭 하나하나의 성질을 공부했다.

그러다 보니 세상을 바라보는 눈은 점점 차갑고 건조해졌다. 다른 연구 분야가 답답하게 느껴지기도 했다. 레고 브릭이 어떻게 생겼는지도 모르면서 레고로 만든 완성품만 열심히 살펴보는 게 무슨 소용이람. 궁극적으로는 내가 연구하고 있는 이 분야를 이해하지 않으면 세상을 제대로 이해할 수 없을 텐데.

그러던 중 좋은 인연이 닿아 과학 월간지 〈BBC사이언스〉의 편집장을 맡게 됐다. 매달 최신 과학 기사를 감수하고 칼럼을 썼다. 〈BBC사이언스〉와의 만남은 내게 새로운 눈을 뜨게 해 주었다. 물리학이 아닌 다른 과학 분야에도 흥미로운 이야기가 넘쳐나고 있었다. 박사 과정을 밟고 연구원 생활을 하면서 한 우물만 깊게 파다 보니 너무 오랫동안 다른 과학 분야와 떨어져 있었다.

새로 뜬 눈으로 물리학이 아닌 다른 분야의 과학 교양서를 찾아 읽기 시작했다. 흥미로운 과학 이야기를 좀 더 쉽고 가볍게 풀어내 좀 더 많은 사람과 나누고 싶다는 마음이 새록새록 솟아났다. 과학의 대중화에 기여하고 싶다는 건 대학생 시절부터 품어 온 오랜 꿈이었다. 용기를 내어 '메종드사이언스'라는 계정을 만들고 여덟 컷짜리 과학 인스타툰을 연재하기 시작했다.

그렇게 틈틈이 차곡차곡 쌓여 온 이야기가 어느덧 책이라는 형태로 세상에 나오게 되었다. 이야기를 골라 담고 서로 엮는 과정은 쉽지 않았다. 사실 인스타툰을 연재할 때는 딱히 카테고리랄 것이 없었다. 그때그때 내가 읽은 책과 기사에서, 직접 번역하고 있는 책에서, 시청한 유튜브 영상에서 사람들과 나누고 싶은 흥미로운 이야기를 즉흥적으로 골라 그렸다.

이번에 책으로 엮으면서 일관성이 미약했던 만화들에 '글'이라는 살을 붙이고 크게 네 영역으로 나누었다. 워낙 뿔뿔이 흩어져 있던 조각들을 모아 누벼 잇다 보니 매끄럽게 이어지지만은 않는다. 어떤 장에서는 중·고등학교 교과서에 나오는 원론적인 이야기를 하고, 어떤 장에서는 비주류의 주장이나 최근에 나온 가설을 소개하고 있다. 하지만 크기도 색깔도 다른 여러 천 조각이 모여 조화로운 하나의 완성품을 만드는 퀼트의 매력처럼 이 책의 콘셉트는 여러 과학 분야가 모인 퀼트 이불이다.

1부의 주제는 '우주'다. 먼저 1장에서 우주의 시작과 역사를 소개한 다음, 2장에서 우주 대부분을 구성하는 암흑물질과 암흑에너지의 정체를 알아본다. 3장에서는 지구 밖으로 눈을 돌려 외계행성에 대해, 4장에서는 한발 더 나아가 다중우주에 대해 살펴본다. 5장에서는 누구나 흥미를 느끼는 외계 생명체를 다룬다. 6장에서는 다시 현실로 돌아와 지구와 가장 가까운 천체인 달에 관해 이야기한다.

2부의 주제는 '뇌와 마음'이다. 1장에서는 뇌 영역을 어떻게 나눌 수 있는지, 2장에서는 뇌가 무엇으로 이루어져 있는지 알아보며 신경과학 분야의 기본 개념을 다진다. 3장과 4장에는 뇌에 관한 재미있는 이야기들을 담았다. 5장에서는 옛날 사람들이 뇌를 어떻게 생각했는지 살펴본다. 6장은 꼭 하고 싶었던 이야기인 환원과 창발 개념을 소개하는 데 할애했다.

3부에서는 '생명'이라는 이름 아래 고생물학, 고인류학, 분자생물학 등 다양한 분야를 약간 힘겹게 엮어 보았다. 1장과 2장은 '과거'다. 1장에서는 생명 자체의 탄생에 관해 논의하고, 2장에서는 옛 인류의 흥미로운 이야기를 소개한다. 3장과 4장은 '현재'다. 삶의 터전인 지구를 엉망으로 만들며 자신의 운명을 아슬아슬하게 만들고 있는 인류의 현주소를 살펴본다. 5장과 6장은 분자생물학 관점에서 인류의 '미래'를 이야기한다. 5장에서 유전과 관련한 기본 개념을 설명한 뒤 6장에서 유전자 편집이 가져올 변화를 논의한다.

4부에서는 '기후 위기'를 다룬다. 1장에서는 온 지구를 들썩이게 한 코로나19와 기후 변화의 관계를 살펴본다. 2장에서는 온실기체가 작용하는 원리를 알아보고, 3장에서는 기후 위기가 정말로 인간 활동에 의한 것인지 과학적 증거를 토대로 살펴본다. 4장에서는 기후 위기와 관련 없어 보이는 육식을 다룬다. 5장에서는 기후 측면에서 바다의 중요성을 알아보고, 6장에서는 인류가 지구에 남기고 있는 흔적에 관해 이야기한다.

전문 분야가 아닌 다른 과학 분야에 관한 책을 쓰면서 나 역시 많이 배우고 한 단계 더 성장할 수 있었다. 여러분에게도 이 책이 다음 단계로 넘어가기 위한 과학 입문서 역할을 해 주었으면 좋겠다. 삐뚤빼뚤하게 누벼 이은 책에는 빠진 내용도 많고 부족한 부분도 많다. 그래도 비전공자가 이 책을 읽고 과학에 관심이 생기면 더 넓은 세계로 나아갈 수 있기를, 그렇게 더 많은 내용을 접하고 더 정확한 지식을 습득할 때 이 책을 읽었다는 사실이 조금이나마 도움이 되었으면 하는 작은 바람으로 그림을 그리고 글을 써 내려갔다.

이 퀼트 이불이 과학의 세계로 여정을 떠나는 여러분을 적당한 온도로 예열해 주길!

이송교

목차

1부 우주에 대하여

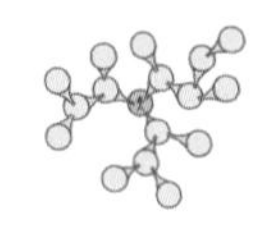

2부 뇌와 마음에 대하여

3부 생명에 대하여

4부 기후에 대하여

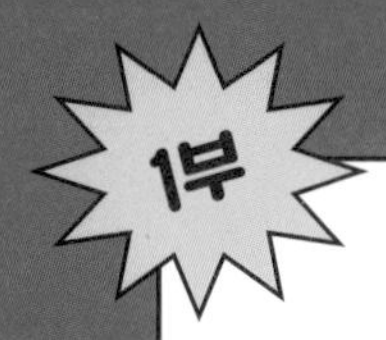

우주에 대하여

#쾅 하고 우주가 태어난 날 #세상은 온통 암흑 #뜨겁지도 차갑지도 않은
#우리가 사는 세계가 무수한 세계 가운데 하나에 불과하다면
#외계 문명의 흔적 #우리가 달에 가는 방법

쾅 하고 우주가 태어난 날

쾅 하고 우주가 태어난 날
BANG

1900년대 초까지만 해도 사람들은
우주가 시작도 끝도 없이 영원하고
무한히 펼쳐져 있다고 생각했어.

심지어 우주대천재 아인슈타인도
우주는 정적이라고 믿었지.
내 방정식에 따르면
우주가 팽창하거나 수축하네?
그러지 말라고
상수 하나 만들어 넣자!

그런데 1929년, 에드윈 허블이 관측을 통해
우주가 팽창하고 있다는 사실을 밝혀냈어.
은하들이 멀어지고 있네?
그것도 엄청 빠르게?

하지만 우주가 불안정한 걸 싫어한 과학자들은
우주가 팽창하더라도 안정된 이론을 만들어.

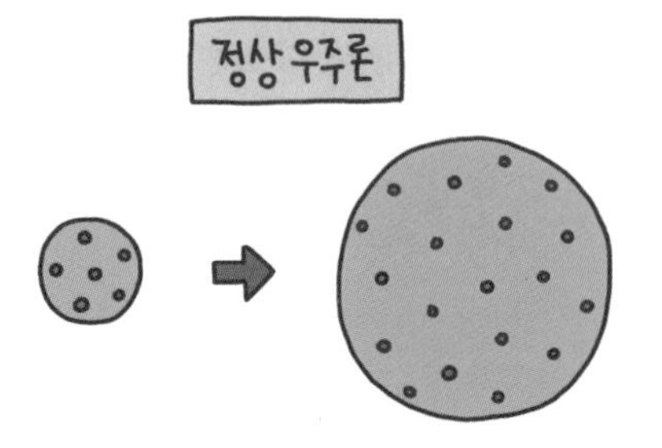

우주가 팽창한 만큼 새로운 물질이 생겨나면서
밀도와 온도가 일정하게 유지된다는 이론이야.

그와 반대되는 이론은 우주가 원래 엄청 작았다가
갑자기 폭발하면서 팽창하기 시작했다고 주장했어.

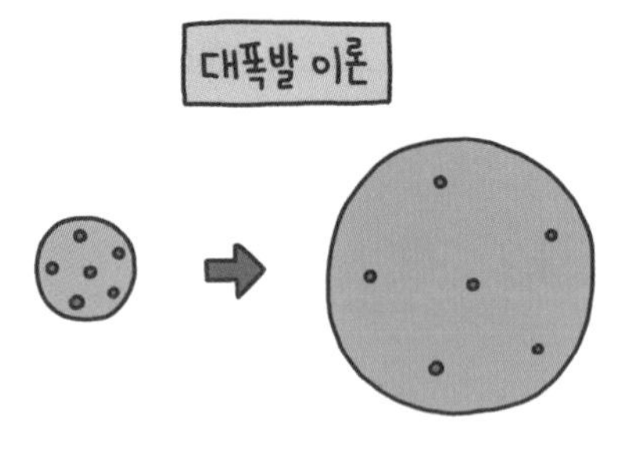

이 이론에 따르면 우주는 시간에 따라 변하고 있어.
점점 밀도와 온도가 낮아지고 있지.

정상 우주론을 주장한 프레드 호일은
대폭발 이론을 약간 비웃는 의미에서
빅뱅이라는 표현을 썼어.
그러면 어느 날 갑자기
크게 쾅(big bang)! 하면서
우주가 생겨났다는 말임?
ㅋㅋㅋㅋㅋㅋㅋㅋㅋㅋ
호일

그런데 대폭발을 지지하는 증거들이 나오면서
이제 빅뱅 이론은 정설이 됐어.
우주는 영원한 존재가 아니야!
빅뱅이
부릅니다
삐딱하게
GD
영원한 건
절대 없어!

우주는
팽창하고 있다

지금이 밤이라면 잠시 책을 덮고 하늘을 올려다보자. 끝을 가늠할 수 없는 깜깜한 밤하늘이 펼쳐져 있다. 차갑고 고요하고 공허한 우주는 아무리 봐도 역동적으로 움직이고 있는 것 같지는 않다. 그저 경외감이 들 만큼 압도적인 크기를 한 채 언제나 거기 그대로 있는 것 같다.

과학자들 역시 우주를 바라보며 우리와 비슷한 느낌을 받았다. 우주가 원래부터 거기 있었으며 앞으로도 거기 있을 거로 생각했다. 시작과 끝도 없이 펼쳐진 불변의 무대라고 생각했다. 우주는 시간상으로 영원하고 공간적으로 무한한 마치 신과 같은 존재였다.

가장 유명한 물리학자 알베르트 아인슈타인도 우주가 변하지 않는다는 정적 우주론을 주장했다. 사실 아인슈타인의 일반 상대성 이론에 따르면 우주는 팽창하거나 수축할 수 있었다. 이에 아인슈타인은 자신의 방정식에 억지로 '우주 상수'라는 임의의 항까지 추가하면서 우주가 정적인 상태를 기술했다.

그러나 점차 우주가 동적이라고 주장하는 의견이 등장했다. 1922년 러시아의 물리학자이자 수학자 알렉산드르 프리드만이 우주가 팽창하고 있다는 모형을 처음으로 제시했고, 1927년에는 벨기에의 사제이자 천문학자인 조르주 르메트르가 우주가 처음에 하나의 원자에서 시작해 오늘날까지 팽창하고 있다고 주장했다. 둘 다 아인슈타인의 일반 상대성 이론을 기반으로 한 연구 결과였지만, 아이러니하게도 둘 다 아인슈타인의 비판을 받았다.

1929년 과학계를 뒤흔드는 사건이 발생했다. 미국의 천문학자 에드윈 허블이 우주가 실제로 팽창하고 있다는 증거를 발견한 것이다. 망원경으로 천체를 관측한 결과 거의 모든 은하가 지구로부터 빠르게 멀어져 가고 있었다. 무엇보다 중요한 건 더 멀리 있는 은하일수록 더 빠른 속도로 멀어지고 있다는 점이었다. 은하들이 직접 움직이는 거라면 지구로부터 더 멀수록 더 빠르게 멀어질 이유가 없었다. 게다가 은하가 지구로부터 멀어지는 후퇴 속도는 지구로부터 떨어진 거리와 거의 비례했다. 이는 은하들이 직접 운동하는 게 아니라 은하들을 품고 있는 우주 공간 자체가 팽창한다는 뜻이었다.

예를 들어 지구에서 1m 떨어진 은하 A, 2m 떨어진 은하 B, 3m 떨어진 은하 C가 있다고 하자. 그리고 1초가 흐르는 동안 우주가 2배로 팽창했다고 하자(물론 실제로는 우주가 엄청나게 크기 때문에 미터(m)와 초(s)로 거리와 시간을 나타내지는 않는다). 그러면 이제 지구로부터 은하 A는 2m, 은하 B는 4m, 은하 C는 6m 떨어져 있을 것이다. 이 은하들이 지구로부터 멀어지는 후퇴 속도를 구해 보자. 은하 A는 지구로부터 떨어진 거리가 1m에서 2m가 되면서 1초 동안 총 1m만큼 더 멀어졌다. 따라서 후퇴 속도가 1m/s다. 마찬가지로 은하 B는 지구로부터 떨어진 거리가 2m에서 4m가 되면서 1초 동안 총 2m만큼 더 멀어졌으므로 후퇴 속도가 2m/s다. 은하 C는 지구로부터 떨어진 거리가 3m에서 6m가 되면서 총 3m만큼 더 멀어졌으므로 후퇴 속도가 3m/s다. 더 멀리 떨어진 은하일수록 더 빠르게 멀어지며 그 후퇴 속도는 지구로부터 떨어진 거리와 비례한다는 점을 확인할 수 있다. 이를 '허블-르메트르 법칙'이라고 한다.

참고로 지금 설명에서는 우리가 있는 지구를 중심으로 이야기했지만, 실제로는 우주 전체가 팽창하기 때문에 따로 팽창의 중심이 없

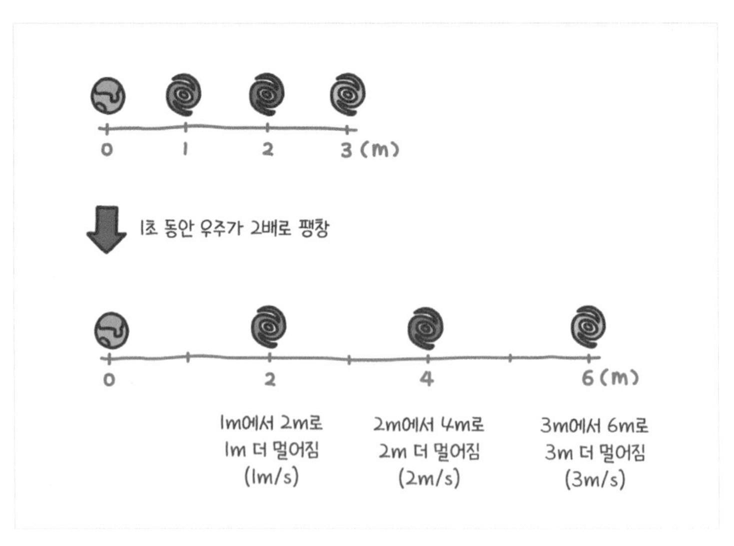

지구로부터 더 멀리 떨어진 은하일수록 더 빠르게 멀어지고 있다. 그 후퇴 속도는 지구로부터 떨어진 거리와 비례한다.

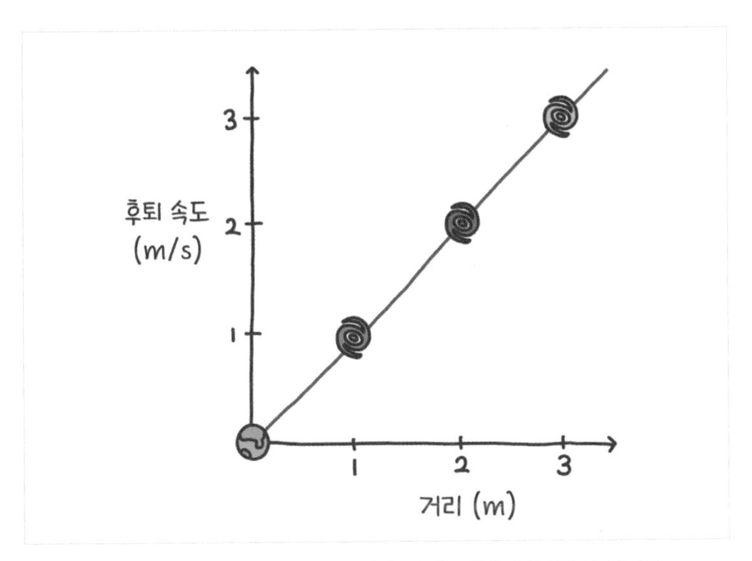

허블-르메트르 법칙을 간단히 그래프로 그렸다. 단위는 실제 사용 단위가 아니다.

다. 모든 은하는 서로 멀어지고 있다.

그런데 허블은 은하가 멀어지고 있는 걸 어떻게 알았을까? 정답은 은하에서 나오는 빛에 있다. 빛은 파동이다. 위아래로 진동하는 파도처럼 튀어나온 마루가 있고, 움푹 꺼진 골이 있다. 파동에서 같은 모양이 반복되는 기본 단위 즉 마루에서 마루까지 또는 골에서 골까지의 길이를 '파장'이라고 한다. 빛은 파장에 따라 색이 다르다. 우리가 눈으로 볼 수 있는 빨주노초파남보 무지개색 빛의 경우 빨간색 쪽으로 갈수록 파장이 길고, 파란색 쪽으로 갈수록 파장이 짧다(남색과 보라색은 영역이 좁아서 보통 그냥 파란색이라고 한다).

빛을 내는 광원이 움직이면 파장도 변한다. 내게서 멀어지는 물체가 내는 빛은 내가 봤을 때 파장이 더 길어진다. 파장이 좀 더 빨간색 쪽으로 이동했다는 뜻에서 이 현상을 '적색이동'이라 부른다. 반대로 내게 다가오는 물체가 내는 빛은 파장이 더 짧아진다. 좀 더 파란색 쪽으로 이동했다는 뜻에서 '청색이동'이라 부른다.

허블은 은하에서 나오는 빛에서 적색이동을 관측했다. 은하가 멀어지고 있다는 증거였다. 사실 은하는 그대로 있고 은하가 있는 공간인 우주 자체가 팽창하는 것이기 때문에 물체가 직접 움직이는

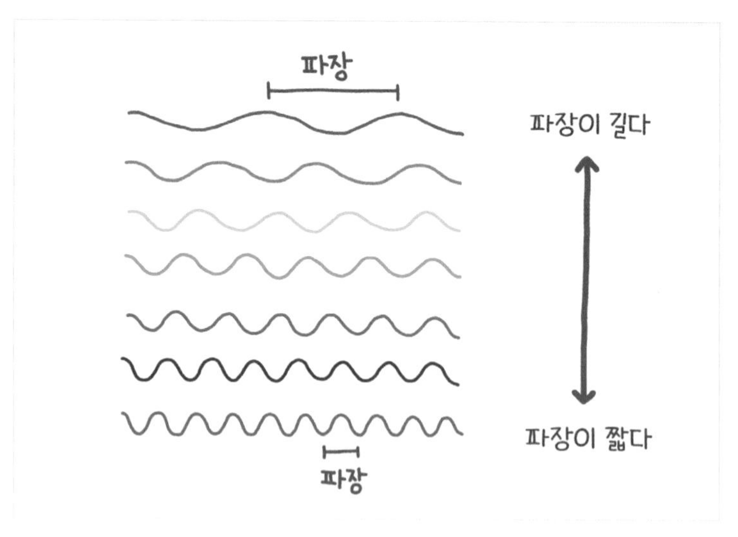

빛은 파란색으로 갈수록 파장이 짧고 빨간색으로 갈수록 파장이 길다.

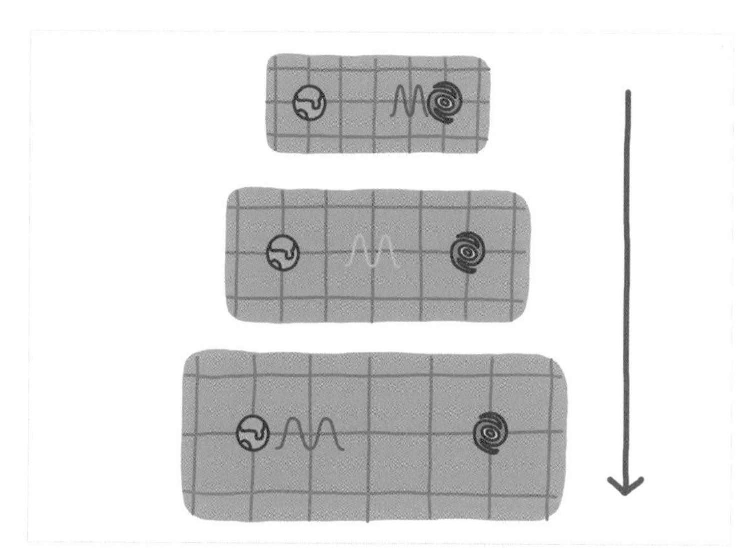

우주론적 적색이동이다. 시간이 흐를수록 우주가 팽창하기 때문에 빛이 은하에서 출발해서 지구에 도착하는 동안 파장이 길어진다.

적색이동과는 조금 다르다. 둘을 구분하기 위해 우주 팽창에 의한 현상은 '우주론적 적색이동'이라고 부른다.

허블의 관측은 우주가 변하지 않는다는 인류의 오랜 믿음을 커다란 망치로 내려찍었다. 아인슈타인은 우주가 팽창한다는 사실을 받아들이고 우주 상수를 도입한 것이 자기 생애의 가장 큰 실수라고 고백했다.

빅뱅 이론 대 정상 우주론

우주가 팽창한다는 사실이 밝혀졌지만 논쟁은 여전히 끝나지 않았다. 우주가 팽창하고 있다면 어떤 식으로 팽창하고 있는 걸까? 우주가 시간이 흐를수록 커지고 있다는 사실을 알았을 때 가장 자연스럽게 떠올릴 수 있는 생각은, 반대로 시간을 거슬러 올라가면 우주가 하나의 작은 점에서 시작됐을 거라는 생각이었다.

1946년 러시아 출신 미국의 천문학자 조지 가모프가 그러한 초기 우주의 모습을 처음으로 계산했다. 가모프의 이론에 따르면 우주는 아주 뜨겁고 밀도가 높은 작은 불덩이에서 시작해 급작스럽게 팽창했다. 그리고 탄생 이후 현재에 이르기까지 쉬지 않고 팽창해 왔으며 점점 밀도가 낮아지고 차갑게 식었다. 우주는 변하고 있다. 그렇게 대폭발 이론이 탄생했다.

하지만 여전히 많은 과학자는 불안정한 우주를 받아들이지 못했다. 그래서 우주가 팽창하면서도 변하지 않는 이론을 정립했다. 영국의 천문학자 프레드 호일 등이 주장한 정상 우주론이었다. 이 이론에 따르면 우주가 팽창하는 만큼 중간중간 빈 공간을 메꿀 새로운 물질이 계속 생겨난다. 그래서 시간이 흘러도 밀도와 온도가 그대로 유지된다. 우주의 어디를 가더라도 모든 공간이 동등하고 균일하다.

가끔 정상 우주론을 정적 우주론과 착각하는 사람들이 있다. 하지만 정적 우주론은 우주가 팽창하지 않고 아예 멈춰 있다고 주장하는 이론이다. 정상 우주론은 우주가 팽창한다는 사실은 인정하면서도 어떻게든 우주를 불변의 존재로 남겨 두려는, 약간은 눈물겨운 시도였다고 볼 수 있다. 새로운 물질이 밑도 끝도 없이 계속 생겨난다는 말이 좀 이상하게 들리지만 당시에는 우주가 엄청나게 작은 점에서 시작했다는 말도 이상하게 들리긴 마찬가지였다.

대폭발 이론과 정상 우주론은 첨예하게 대립했다. 호일은 한 라디오 방송에 출연해 우주가 '크게 쾅Big Bang' 하고 생겨났다는 거냐며 대폭발 이론을 비웃는 듯한 표현을 사용했다. 그 후 대폭발 이론에는 '빅뱅 이론'이라는 이름이 붙었다.

하지만 시간이 흐르면서 점점 빅뱅 이론을 지지하는 증거들이 나타나기 시작했다. 정상 우주론은 역사의 뒤편으로 사라졌다. 이름 자체가 우주의 근엄함과 신비로움을 비웃는 것만 같은 '큰 쾅 이론'이 옳았다. 우리의 우주는 영원하지 않다. 거기에는 시작이 있었다. 그리고 끝 또한 있을 것이다.

우주의 역사

빅뱅 이론에 따라 측정한 우주의 나이는 약 138억 년이다. 처음 생겨난 직후부터 오늘날에 이르기까지 우주는 어떻게 변해 왔을까? 물론 이렇게 오랜 시간에 걸쳐 이렇게 거대해진 우주에 어떤 일이 있었는지 정확히 알아내기란 쉽지 않다. 또 새로운 연구 결과가 나올 때마다 우주의 역사는 계속해서 수정되고 있다. 여기서는 대략 큰 흐름을 따라가 보자.

갓 태어난 우주는 말도 안 되게 작은 영역 안에 모든 에너지가 들어차서 요동치는 가짜 진공 상태에 있었다. 그 후 엄청나게 짧은 시간 동안 빛보다도 빠른 속도로 팽창하면서 부피가 폭발적으로 증가했다. 이를 '급팽창' 또는 '인플레이션'이라고 한다. 태어난 후 겨우 10^{-32}초 후까지 일어난 일이다. 참고로 10^{-32}초라는 건 소수점 뒤로 0이 31개 있고 32번째에 1이 있다는 뜻이다. 즉 0.00000000000000000000000000000001초다.

이렇게 갑자기 팽창하다 보니 팽창 전에 요동치던 에너지 분포가 골고루 퍼질 틈도 없이 팽창 후 공간에 그대로 반영됐다. 어느 영역에는 에너지가 더 뭉쳐 있고, 어느 영역에서는 덜 뭉쳐 있었다. 에너지가 더 모인 영역에서 전자나 쿼크 같은 기본 입자들이 생겨났다. 작고 간단한 기본 입자들은 시간이 흐르면서 서로 결합해 더 크고 복잡한 입자를 만들었다. 먼저 쿼크가 합쳐져서 양성자와 중성자를 만들었다. 우주가 태어나고 약 0.001초 정도 지났을 때 일이다.

다음으로 양성자와 중성자가 결합해서 헬륨 같은 작은 원자핵을 만들기 시작했다. 이때 우주의 온도는 10억 ℃ 정도였다. 여전히 뜨거운 열기 속에 전자들은 망나니처럼 우주 공간을 돌아다니고 있었다. 약 3분까지의 일이다.

우주의 온도가 점점 낮아져서 약 3,000℃가 되자 자유롭게 돌아다니던 전자들이 원자핵에 붙잡혔다. 드디어 원자가 만들어졌다. 이때까지 우주는 뿌옇게 안개가 낀 것처럼 아무것도 보이지 않는 상태였다. 빛이 전자들에 부딪혀서 이동할 수 없었기 때문이다. 하지만 구름이 걷히고 눈 부신 햇살이 얼굴을 내밀 듯 전자가 걷히고 비로소 빛이 우주 공간을 돌아다니기 시작했다. 하느님은 첫째 날에 '빛

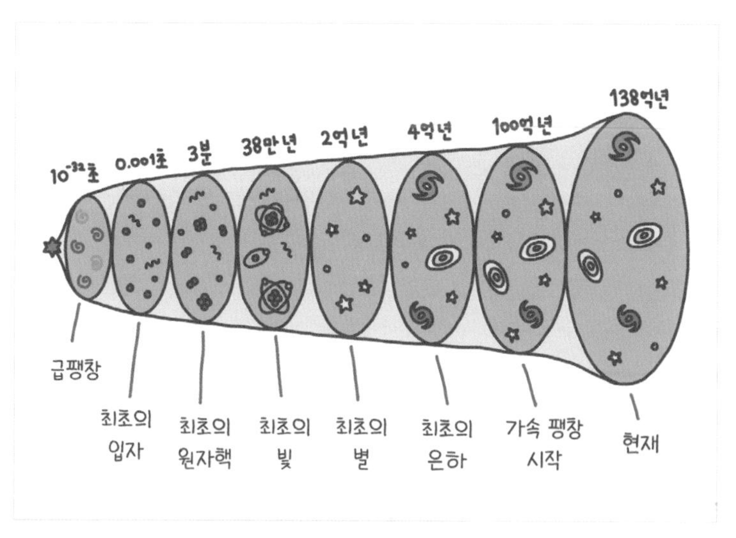

탄생부터 오늘날까지 우주의 역사를 간단하게 나타냈다.

이 있으라'고 말씀하셨지만, 실제로 빛이 보이게 된 건 우주가 탄생한 뒤 38만 년 후의 일이었다.

이후로는 한동안 암흑시대가 이어졌다. 우주에 빛을 낼 만한 게 아무것도 없었기 때문이다. 여기저기 흩어져 있던 수소 원자와 헬륨 원자들이 중력에 의해 점차 한곳으로 모이면서 드디어 스스로 빛을 내는 최초의 별이 탄생했다. 비슷하게 별들이 중력에 의해 한곳으로 모이면서 은하가 탄생했다. 우주가 탄생한 후 약 2억 년~4억 년 후의 일이다.

그렇게 점점 우주는 우리가 아는 모습을 갖춰 갔다. 속도는 조금씩 느려졌지만, 처음 탄생한 이후로 쉬지 않고 계속 팽창했다. 그러다가 탄생한 지 약 100억 년이 지난 이후부터는 팽창 속도가 점점 더 빨라지기 시작했다(이 이야기는 뒤에서 다시 다루겠다). 태어난 지 138억 년이 된 현재 우주의 온도는 -270℃ 정도이다. 뜨겁고 작았던 우주는 이제 차갑고 거대해졌다.

세상에서 가장 오래된 빛

1964년 미국의 천체물리학자 아노 펜지어스와 로버트 윌슨은 위성 통신용 안테나를 개조해 천체 관측용 전파망원경으로 활용하는 실험을 하고 있었다. 그런데 약간 이상한 점이 있었다. 안테나에 정체를 알 수 없는 잡음이 계속 들어오는 것이었다. 잡음은 생겼다 멈췄다 하지 않고 꾸준히 들어왔다. 그리고 특정 방향이 아니라 모든 방향에서 들어왔다. 우주의 모든 부분에서 똑같은 신호가 쉬지 않고 온다는 건 좀 이상했다. 망원경 내부에 문제가 있을 가능성이 컸다.

사실 실험을 하다 보면 잡음은 무조건 잡히기 마련이다. 잡음이 섞여 있기는 해도 펜지어스와 윌슨의 전파망원경은 우주에서 오는 전파 신호를 받는 데는 문제가 없었다. 대수롭지 않게 여기고 넘어갈 수도 있었다. 하지만 두 과학자는 이 잡음을 없애기 위해 끈질기게 노력했다. 망원경을 분해했다가 다시 조립하고 전기 회로를 점검했다. 안테나에서 열이 나는 건가 싶어서 냉각도 시도했다. 안테나에 들러붙은 비둘기 똥이 원인인가 싶어서 표면을 열심히 닦고 새들을 쫓아내기도 했다.

하지만 이러한 노력에도 잡음은 계속해서 들어왔다. 고민하던 펜지어스와 윌슨은 우연히 이 잡음이 '흑체복사' 스펙트럼과 일치한다는 것을 발견했다.

흑체복사란 간단하게 말하면 특정 온도의 물체가 특정 파장의 전자기파를 내는 현상이다(빛도 전자기파의 일종이며, 여기서는 둘을 구분하지 않고 사용하겠다). 철을 뜨겁게 달구면 빨갛게 빛을 내는 현상을 생각하면 된다. 이때 흑체는 온도가 높을수록 에너지가 더 큰 전자기파 즉 파장이 더 짧은 전자기파를 방출한다. 예를 들어 철을 더 뜨겁게 달구면 빨간빛을 넘어 노란빛을 낸다. 앞에서 적색이동을 언급할 때 설명했듯이 빨주노초파남보 가운데 빨간색 쪽으로 갈수록 파장이 길고, 파란색 쪽으로 갈수록 파장이 짧기 때문이다. 따라서 물체가 어떤 색의 빛을 내는지 보면, 그 물체가 뜨거운지 차가운지 알 수 있다. 빛의 파장을 측정하면 그 빛을 방출한 물체의 온도를 알 수 있다는 뜻이다.

펜지어스와 윌슨이 측정한 잡음은 -270℃의 흑체가 방출하는 파장의 스펙트럼과 정확히 일치했다. 앞서 말했듯이 이 전자기파는 하늘의 모든 방향에서 오고 있다. 즉 커다란 우주 전체가 하나의 흑체 덩어리처럼 똑같은 전자기파를 내보내고 있다. 이 전자기파를 '우주배경복사'라 부른다.

우주배경복사는 빅뱅 이론을 뒷받침하는 가장 강력한 증거다. 앞장에서 설명한 우주의 역사를 되짚어 보자. 빅뱅 이론에 따르면 우주가 생겨나고 약 38만 년 후에 비로소 빛이 세상을 돌아다니기 시작했다. 이때 우주의 온도는 약 3,000℃였다(참고로 태양의 표면 온도가 약 6,000℃다). 이 뜨겁고 작은 우주가 내보낸 빛은 우주가 팽창함에 따라 점점 파장이 늘어졌다. 그 결과 시간이 100억 년 이상 흐르고 우주가 1,000배 이상 커진 지금은 -270℃의 차가운 흑체가 내보내는 파장이 긴 전자기파로 변했다.

펜지어스와 윌슨은 우주배경복사를 발견한 공로로 1978년 노벨 물리학상을 받았다. 이후 과학자들은 탐사선과 위성을 발사해 우주 전체에 대한 우주배경복사 지도를 정밀하게 그려냈다. 다음 그림은 2009년부터 2013년까지 플랑크 위성이 정밀하게 측정해 완성한 우주배경복사 지도다. 초록색은 평균 온도인 영역, 빨간색은 평균보다 온도가 좀 더 높은 영역, 파란색은 온도가 좀 더 낮은 영역이다. 이렇게 보면 알록달록해 보이지만 사실 이 영역들의 온도 차이는 10,000분의 1 정도밖에 되지 않는다. 상상하기 힘들 정도로 넓은 우주 전체의 온도가 이 정도로 균일한 건, 우주가 처음에 작은 영역에서 시작해 엄청나게 빠르게 팽창했기 때문에 가능한 일이다.

플랑크 위성이 관측한 우주배경복사 지도다. 초록색은 평균 온도인 영역, 빨간색은 평균보다 온도가 좀 더 높은 영역, 파란색은 온도가 좀 더 낮은 영역이다. 10,000분의 1 정도의 미세한 차이만 있을 뿐 우주 전체의 온도가 거의 균일하다.

세상은 온통 암흑

질량이 있는 모든 물체는 서로 잡아당겨.
그리고 그 힘의 크기는
서로 거리가 가까울수록 크고, 멀수록 작아.

중력이 크다

태양계 행성들이 날아가 버리지 않고
태양 주위를 빙글빙글 도는 것도
태양의 중력 때문이야.

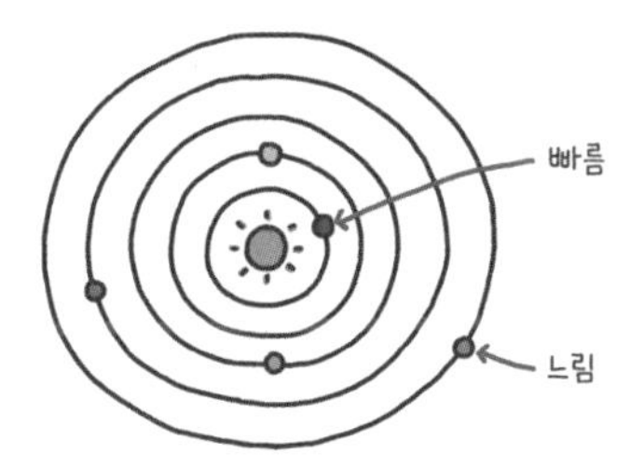

태양과 가까우면 중력이 세서 빠르게 돌고,
태양과 멀면 느리게 돌지.

별들이 모인 은하도
중심부의 중력 때문에 돌고 있으니까,
중심에서 먼 별일수록 느리게 돌아야겠지?

그런데 관측 결과 은하 바깥쪽에 있는 별들이 예상보다 더 빠르게 움직이고 있는 거야!

무궁화호인 줄 알았지?

슝슝

KTX

너희 왜 빠른 건데...
중력 어디서 받는 건데...

게다가 은하들의 집단인 은하단의 총질량도 엄청 이상했어.

*별들이 모이면 은하, 은하들이 모이면 은하단!

실제로 보이는 별과 가스를 다 합친 질량보다
중력의 크기로 예상한 질량이 훨씬 더 큰 거야!

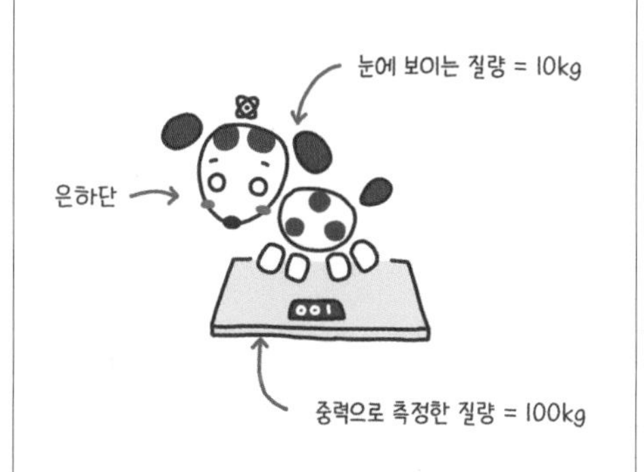

중력이 있다는 건
질량이 있는 '물질'이 있다는 건데,
보이지도 않고 뭔지 전혀 알 수 없어서
암흑물질이라고 이름 붙였어.

아직도 아무도 그 실체를 몰라!

암흑 물질

영어에는 '새로운 검정new black'이라는 관용어가 있다. 패션계에서는 원래 가장 멋진 색이 '검정'이다. 그래서 이번 시즌에 만약 파란색이 유행한다면 '파랑이 새로운 검정이다'라는 식으로 표현할 수 있다. 새로운 검정은 비단 색상뿐만 아니라 대세나 유행이라는 의미로 사람, 사물 등 모든 것에 쓰인다.

적어도 천문학계에서는 언제까지나 검정이 '새로운 검정'일 것 같다. 우주 대부분은 암흑물질, 암흑에너지처럼 검은 무언가로 가득 차 있다. 아마 우주에 관심이 있는 사람이라면 한 번쯤은 들어본 적이 있을 것이다. 그런데 암흑물질이랑 암흑에너지가 정확히 뭘까?

답부터 말하자면 아무도 모른다. 우리는 뭘 잘 모르겠을 때 '머릿속이 깜깜하다'와 같은 표현을 쓴다. 또 글을 읽을 줄 모르는 사람을 '까막눈'이라고 부른다. 비슷하게 여기서도 '암흑'이란 '미지'라는 뜻이다. 뭔지는 모르지만 물질이라는 뜻에서 '암흑물질', 뭔지는 모르지만 에너지라는 뜻에서 '암흑에너지'라는 이름이 붙었다.

우리는 암흑물질과 암흑에너지가 뭔지는 몰라도 뭘 하는지는 안다. 먼저 암흑물질에 대해 알아보자. '물질'이라는 건 질량이 있다는 뜻에서 붙은 이름이다. 질량이 있다는 건 중력이 있다는 뜻이다. 보이지도 않고 뭔지도 전혀 모르겠지만, 무언가가 우주 여기저기에 퍼져서 중력을 행사하고 있다. 그게 바로 암흑물질이다.

과학자들은 보이지도 않는 암흑물질이 있다는 사실을 어떻게 알아냈을까?

자연에는 기본적으로 네 가지 힘(중력, 전자기력, 강한 핵력, 약한 핵력)이 있지만, 무거운 천체들이 넓은 공간을 움직이고 있는 우주에서는 중력이 거의 모든 것을 다스리고 있다. 중력은 물체가 서로 끌어당기는 힘이다. 그리고 그 힘은 거리에 따라 달라진다. 가까울수록 더 세고, 멀수록 더 약하다. 예를 들어 태양계 행성은 태양의 중력 때문에 태양 주위를 빙글빙글 돌고 있는데, 태양과 가까운 수성은 중력을 더 세게 받아서 더 빠르게 돌고, 태양과 먼 해왕성은 중력을 덜 받아서 느리게 돈다.

행성이 모인 태양계처럼 별들이 모인 은하도 중심부의 중력 때문에 빙빙 돌고 있다. 태양계에서와 같은 원리로, 은하 중심에서 멀리 떨어진 별일수록 중력을 덜 받으니 느리게 움직일 거라고 예상할 수 있다.

그런데 실제로 관측해 보니 놀랍게도 은하 바깥쪽에 있는 별들은 우리가 예상한 것보다 훨씬 더 빠르게 움직이고 있었다. 은하 중심으로부터 거리가 멀어져도 회전 속도가 느려지지 않고 거의 그대로였다(38쪽 그림 참고). 이 정도로 빠르게 움직이면, 원래 바깥쪽 별들은 은하에서 떨어져 나가야 정상이었다. 하지만 별들은 여전히 은하

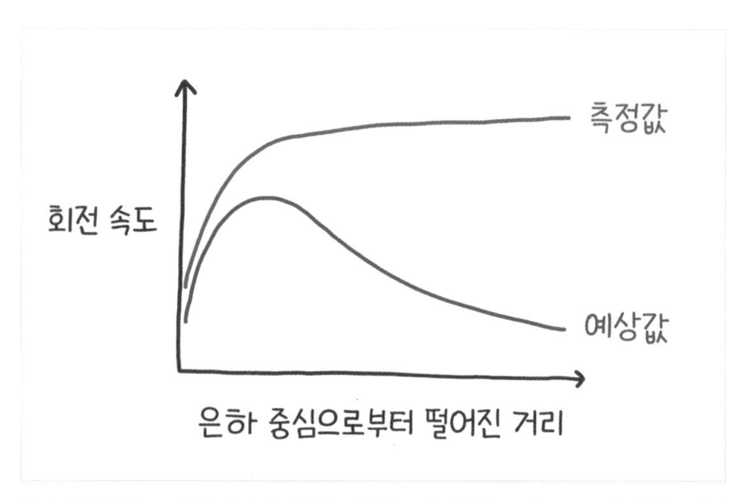

별이 은하 중심으로부터 떨어진 거리와 회전 속도의 관계를 보여 주는 은하 회전 곡선이다. 거리가 멀수록 속도가 느려질 것으로 예상했으나 실제로 측정해 보니 속도가 거의 일정했다.

에 속박돼 있었다. 이게 어찌된 일일까?

이 이상한 현상을 설명하려면 어떤 물질이 은하 전체를 넓게 둘러싸고 분포하면서 별들에 추가로 중력을 행사하고 있다고 가정해야 한다. 이 물질이 바로 암흑물질이다. 우리은하도 눈에 보이는 별과 가스로 이루어진 실제 은하보다 몇 배나 큰 구 모양의 암흑물질 헤일로가 에워싸고 있을 것으로 추측된다. 암흑물질의 질량은 우리은하의 전체 질량 가운데 무려 90%를 차지하고 있다.

암흑물질의 존재를 암시하는 또다른 현상은 '중력렌즈 효과'다.

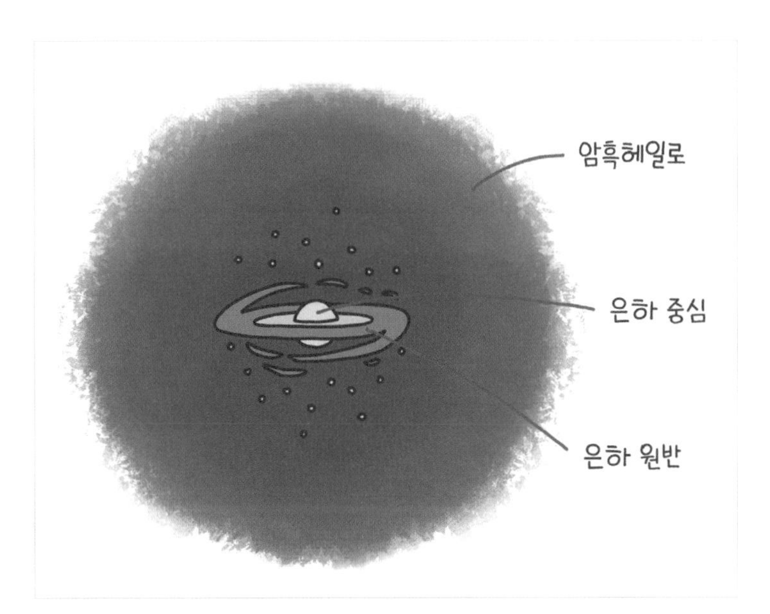

우리은하도 실제 별과 가스로 이루어진 은하보다 몇 배나 큰 구 모양의 암흑물질 헤일로가 에워싸고 있을 것으로 추측된다.

돋보기로 사물을 관찰하면 실제보다 더 크게 보인다. 돋보기에 있는 볼록렌즈가 빛을 안쪽으로 굴절시키기 때문이다. 우리 눈은 빛이 언제나 직진한다고 생각하기 때문에 이러한 굴절을 인식하지 못한다. 그래서 실제 크기보다 더 커다랗게 왜곡된 이미지를 보게 된다.

우주에서는 무거운 천체가 렌즈 역할을 한다. 천체의 강한 중력이 빛을 잡아당겨서 안쪽으로 휘게 하기 때문이다. 예를 들어 엄청나게 무거운 은하가 있고 그 뒤에 별이 있다고 하자. 원래 지구에서는 뒤에 있는 별이 보이지 않는다. 하지만 앞에 있는 은하의 중력이 퍼져 나가는 별빛을 휠 정도로 강하면 우리에게도 은하 주변에 고리나 점 같은 형태로 별빛이 보이게 된다.

문제는 이렇게 중력렌즈 역할을 하는 은하단의 질량이다. 은하단은 은하가 여럿 모인 집단을 뜻한다. 은하단의 총질량을 측정하려면 그 속에 있는 모든 별과 가스를 관측해서 각각의 질량을 전부 더하면 된다. 그런데 이렇게 측정한 은하단의 질량은 실제로 관측되는 중력렌즈 효과를 일으키기에는 턱없이 부족했다. 눈에 보이는 질량

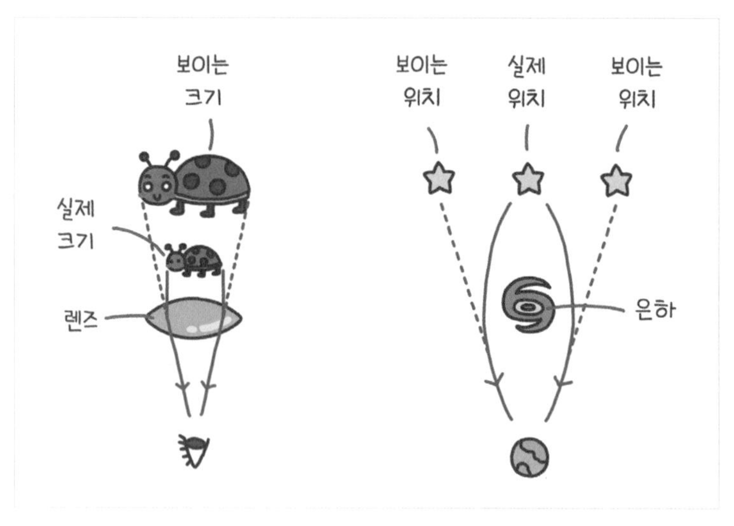

무거운 천체가 강한 중력으로 빛을 잡아당겨 휘게 하는 현상을 중력렌즈 효과라고 한다.

과 중력으로 추정한 질량이 크게 차이가 났다. 마치 눈으로 봤을 때 10kg 정도 되는 강아지를 직접 들어 보니까 100kg인 것 같은 상황이다. 이는 은하단에도 엄청난 양의 암흑물질이 넓은 범위에 걸쳐 퍼져 있다는 점을 시사한다.

암흑
에너지

이제 암흑물질에 관해서는 조금 알겠는데 암흑에너지는 또 뭘까? 암흑물질과 암흑에너지가 비슷한 개념이라고 혼동하는 사람들도 있지만, 이 둘은 결과적으로 정반대의 일을 한다고 볼 수 있다. 그리고 우리는 암흑물질에 관해서도 아는 게 별로 없지만 암흑에너지에 관해서는 더더욱 아는 게 없다.

물질이 있는 곳엔 중력이 있다(여기서 물질은 일반물질과 암흑물질을 전부 포함한다). 우주에 있는 물질들이 서로 끌어당긴다면 시간이 흐를수록 점점 한곳으로 모여야 한다.

그런데 앞에서 이야기한 것처럼 우리의 우주는 팽창하고 있다. 그리고 약 100억 살이 됐을 때부터는 오히려 점점 더 빠르게 팽창하고 있다. 우주를 다스리는 중력은 서로 잡아당기기만 할 뿐 밀어내지 않는다. 중력은 오히려 팽창 속도를 늦춰야 한다. 도대체 어떻게 우주가 가속 팽창할 수 있을까?

과학자들은 그 답을 암흑에너지에서 찾는다. 뭔지는 모르겠지만 우주를 팽창시키고 있는 미지의 에너지가 있다는 거다. 조금은 안일하고 황당한 답변처럼 들리기도 한다. 어쨌든 현재 과학자들이 할 수 있는 이야기는 이 정도다. 알 수 없는 에너지가 중력이라는 브레이크에 대항해 우주 팽창에 액셀을 밟고 있다.

암흑에너지는 밀도가 일정하다. 우주 공간 모든 곳에 골고루 퍼져서 우주 전체에 작용한다. 특이한 점은 공간뿐만 아니라 시간적으로도 균일하게 분포하고 있다는 거다. 다시 말해 우주가 태어나서

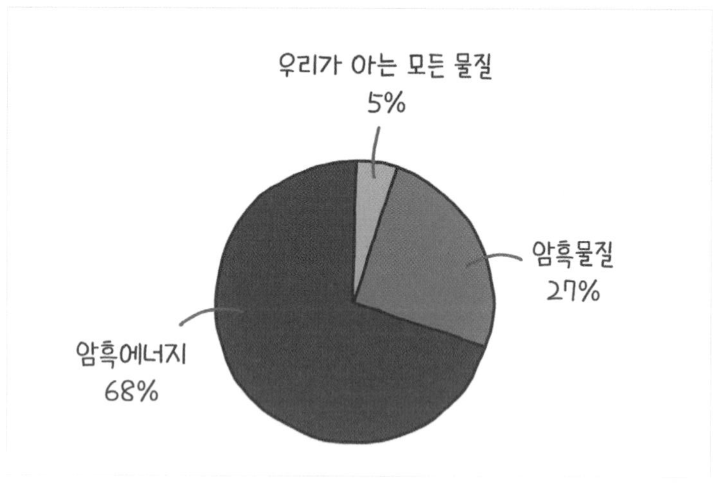

물질과 암흑물질, 암흑에너지의 비율이다.

지금까지 암흑에너지의 밀도는 언제나 그대로였다. 우주가 팽창하면서 천체 간의 거리가 멀어지고 물질의 밀도가 점점 낮아진 것과 대비된다.

바로 여기에 가속 팽창의 열쇠가 숨어 있다. 우주 초기에는 물질이 훨씬 많고 암흑에너지는 훨씬 적었다. 하지만 우주가 점점 팽창하면서 공간을 균일하게 차지하는 암흑에너지의 양도 점점 늘어났다. 암흑에너지의 밀도 자체는 낮지만, 우주 공간이 엄청나게 커지면서 총량을 무시할 수 없어진 것이다. 그리고 우주가 탄생한 지 약 100억 년 정도 지나자 암흑에너지의 영향력이 물질의 영향력을 능가하면서 가속 팽창이 시작됐다.

현재 우주는 대략 일반물질이 5%, 암흑물질이 27%, 암흑에너지가 68%를 차지하고 있다. 우주에서 95%는 우리가 모르는 무언가로 이루어져 있다는 뜻이다. 세상은 온통 암흑이다. 어떻게 보면 우리는 머릿속이 깜깜한 상태에서 까막눈으로 이 세상을 바라보고 있다.

우주가 끝나는 날

정체를 알 수 없는 암흑에너지 때문에 우주가 가속 팽창을 하고 있다는 건 상당히 충격적이고 두려운 일이다. 앞으로 우주는 어떻게 되는 걸까? 시작이 있으면 끝도 있는 법이다. 빅뱅으로 시작한 우주의 끝은 어떤 모습일까? 수축하는 힘과 팽창하는 힘의 균형에 따라 크게 세 가지 시나리오를 상상할 수 있다(빅뱅처럼 '빅'으로 시작하는 이 시나리오들은 확정된 한글 이름이 없지만, 이해를 돕기 위해 괄호 안에 한글로도 적었다).

첫째, 빅크런치(대함몰) 시나리오다. 암흑에너지가 지금보다 약해지거나 끌어당기는 작용으로 바뀌는 경우다. 이 경우 팽창하는 힘보다 수축하는 힘이 더 커지면서 우주의 크기가 다시 줄어들기 시작한다. 은하들이 점점 가까워지고, 우주는 밀도가 높아지면서 점점 뜨거워진다. 빅뱅에서는 뜨겁던 우주가 식으면서 기본 입자들이 결합해 점점 복잡하고 커다란 물질을 만들어 갔다. 이번에는 이 과정을 되감기 한 것처럼 높은 온도 때문에 물질이 차차 분해돼 기본 입자로 돌아간다. 계속 수축하던 우주는 결국 처음 시작했던 것처럼 작은 불덩어리 영역으로 되돌아간다.

둘째, 빅프리즈(대동결) 시나리오다. 암흑에너지가 지금처럼 유지되는 경우다. 공간은 점점 더 빠르게 팽창하고, 은하는 서로 점점 더 멀어진다. 우주는 더 크고 더 어둡고 더 차가워진다. 더는 새로운 별이 태어나지 않고, 원래 있던 별들은 죽어서 중성자별, 백색왜성, 블랙홀 같은 천체가 된다. 시간이 더 흐르면 블랙홀이 나머지 천체를 전부 삼켜 버리고 이내 자신도 서서히 증발한다. 우주는 사실상 아무것도 없는 거나 마찬가지인 차갑게 얼어붙은 텅 빈 공간이 된다. 서서히 나이가 들어가면서 죽음을 맞이하는 격이다.

셋째, 빅립(대파열) 시나리오다. 암흑에너지가 지금보다 더 강력해져서 순식간에 우주를 갈기갈기 찢어버리는 경우다. 빅프리즈 시나리오에서는 은하끼리는 서로 멀어져도 은하 자체는 중력으로 뭉쳐 있다. 하지만 빅립 시나리오에서는 암흑에너지가 중력보다 영향력이 세지면서 은하도 뿔뿔이 흩어진다. 이내 별 주위를 돌던 행성이 떨어져 나가고, 행성 자체가 터져 모든 물질이 산산조각이 나고, 마지막에는 원자마저 쪼개진다. 아무런 결합도 하지 않은 기본 입자

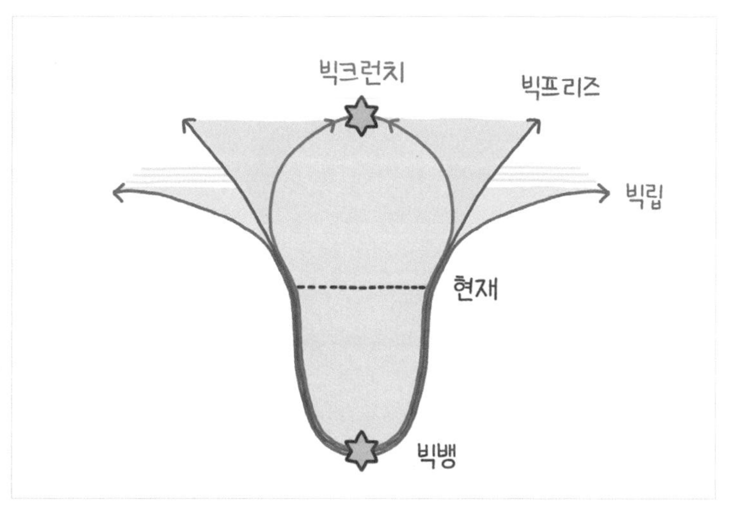

우주의 종말에 대한 세 가지 시나리오다.

들만 외로이 진공을 떠다닌다.

세 가지 시나리오와 달리 우주의 끝이 영영 오지 않을 거라는 시나리오도 있다. 우주가 최대 크기가 되면 다시 수축하고 또 최소 크기가 되면 다시 팽창하면서 수축과 팽창을 무한히 반복한다는 빅바운스(대반동) 시나리오다. 아니면 빅크런치로 우리 우주는 끝나지만 이후에 또 다른 빅뱅이 일어나면서 완전히 새로운 우주가 태어날 거라는 시나리오도 있다. 마치 생명이 죽었다가 새로운 몸을 얻어 다시 태어나기를 끊임없이 반복한다는 불교의 윤회 사상을 닮아 있다.

물론 이 모든 건 수백억 년, 수천억 년 후의 일이므로 실제로 우주의 끝이 어떨지는 아무도 알 방법이 없다. 하지만 과학자들의 시나리오에 따라 이 세계의 끝을 상상해 보는 건 즐거운 일이다. 여러분은 어떤 시나리오가 가장 마음에 드는가?

뜨겁지도 차갑지도 않은

뜨겁지도 차갑지도 않은
아 배고파
한 금발 소녀가
숲속을 헤매다
오두막을 발견하고
안으로 들어갔어.

식탁 위에는 포리지 세 그릇이 있었는데
하나는 너무 뜨겁고, 하나는 너무 차갑고,
하나는 딱 적당했지.

소녀는 적당한 온도의 포리지를
맛있게 먹었어.

배가 부른 소녀는 거실에 있는 세 의자 중
자신과 크기가 딱 맞는 의자에 앉다가
그만 부서뜨리고 말아.

미련 없이 침실로 향한 소녀는 세 침대 가운데
너무 딱딱하지도 푹신하지도 않은
침대에서 잠이 들지.
돌아온 집주인
내 포리지 내 의자 내 침대…
…이게 무슨 상황이지?

주거침입, 절도, 기물파손…
이 경범죄자의 이름은 바로 골디락스!
데헷

소녀의 이름은 천문학에 쓰이고 있어!
소녀가 폭풍 흡입한 포리지처럼,
우주에서 너무 뜨겁지도 차갑지도 않은
'생명체 거주 가능 영역'을
'골디락스 존'이라 불러.

태양
지구
뜨겁다
차갑다

금발 소녀의 선택

옛날에 골디락스라는 금발 소녀가 숲속에서 길을 잃었다. 길을 헤매던 골디락스는 이상하게 생긴 오두막 한 채를 발견했다. 문을 두드려도 아무런 답이 없자 안으로 들어가 보았다. 집 안에는 아무도 없고, 동그란 식탁 위에 포리지(오트밀 죽) 세 그릇만 놓여 있었다. 배가 고팠던 골디락스는 첫 번째 그릇에 있던 포리지를 한 입 떠먹었다. 너무 뜨거웠다. 다음으로 두 번째 그릇에 있는 포리지를 한 입 먹었다. 이번에는 너무 차가웠다. 마지막으로 세 번째 그릇에 있는 포리지를 먹었다. 뜨겁지도 차갑지도 않은 딱 적당한 온도였다. 골디락스는 세 번째 그릇을 싹싹 비웠다.

〈골디락스와 곰 세 마리〉라는 동화의 내용이다. 동화는 더 이어지지만, 여기서는 세 번째 그릇에 있던 포리지의 온도에 관해 이야기하려고 한다. 우주에는 이 대범한 소녀의 이름을 딴 '골디락스 영역'이 있다. 태양 같은 중심별에서 너무 멀지도, 너무 가깝지도 않아서 생명체가 거주하기에 적당한 온도와 환경을 갖춘 영역을 뜻한다. 다른 말로는 '생명체 거주 가능 영역'이라고 한다.

지구는 골디락스 영역에 있다. 그 덕분에 우리를 포함한 다양한 생명이 번성할 수 있었다. 지구에서 생명이 탄생하는 데에는 물이 필수적인 역할을 했다. 그리고 그 물이 액체 상태로 존재할 수 있는 건, 지구가 태양에서 적당히 떨어져 있기 때문이다. 만약 태양이랑 좀 더 가까웠다면 지구에 있는 물은 펄펄 끓어 버렸을 것이고, 좀 더 멀었다면 꽝꽝 얼어 버렸을 것이다.

골디락스 영역에 있다고 해서 모든 행성에 '우리'가 살 수 있는 건 아니다. 기체가 아닌 암석으로 이루어져 있는지, 대기 중에 산소가 있는지, 기압과 기온은 적절한지 등 다른 요소도 전부 들어맞아야 한다. 우리 태양계에서도 금성과 화성이 골디락스 영역 안에 간신히 들어오기는 하지만, 이 두 행성에는 우리 같은 생명체가 살지 않는다. 금성은 두꺼운 이산화탄소 대기로 덮여 있어 기압이 지구의 90배가 넘고 표면 온도도 약 460℃에 달하는 지옥이다. 화성은 대기가 희박해 기압이 지구의 0.6% 정도고 일교차가 커서 기온이 -140℃까지 떨어진다.

더 먼 우주를 뒤지더라도 지구와 완벽히 동일한 조건을 갖춘 행성을 발견하는 일은 쉽지 않을 것이다. 만약 발견한다고 하더라도 그렇게 먼 행성까지 이동하는 일은 더더욱 쉽지 않을 것이다.

따라서 과학자들은 광활한 우주에서 골디락스 영역을 찾아 헤매는 동시에 다른 행성의 환경을 개조해 인간이 살아갈 수 있는 환경으로 바꾸는 지구화terraforming(테라포밍)를 연구하고 있다. 앞서 말했듯이 금성은 불타는 지옥 덩어리고, 지구의 위성 달은 대기가 아예 없고 중력도 약하기 때문에 그나마 가장 가능성이 높은 행성은 화성이다.

다른 행성의 환경을 개조해 인간이 살아갈 수 있는 환경으로 바꾸는 작업을 지구화(테라포밍)라고 한다.

"지구는 인류의 요람이지만 영원히 요람에서 살 수는 없다."

러시아의 선구적인 로켓 과학자 콘스탄틴 치올콥스키가 한 말이다. 언젠가는 인류가 지구를 떠나 다른 행성에서 살아가는 날이 올까? 지금의 역사는 '제1지구기' 같은 이름으로 기록되고 제2지구기, 제3지구기가 펼쳐지게 될지도 모른다.

외계 행성

'하늘 아래 태양은 하나'라는 말이 있다. 틀린 이야기는 아니다. 좀 더 과학적으로 수정하자면, 우리 태양계 안에 태양은 하나다. 태양은 스스로 빛을 내는 항성star(별)으로, 우리 태양계에는 하나뿐이다. 나머지 행성planet 8개를 잡아당겨 자신의 주변을 빙빙 돌게 하는 태양계의 중심이다. 태양은 질량 면에서도 태양계 그 자체라고 할 수 있는데 태양계 전체 질량의 무려 99.9%를 차지하고 있다.

하지만 태양계 밖으로 나가면 사뭇 이야기가 달라진다. 태양은 전혀 특별한 존재가 아니다. 우리은하 안에만 별이 수천억 개가 넘는다. 그리고 우리 우주에는 은하가 수천억 개 있는 걸로 추정된다. 즉 셀 수 없이 많은 태양이 있다.

항성이 수없이 많다는 건 행성은 그보다도 더 많다는 뜻이다. 항성 하나가 평균 1개 이상의 행성을 거느리고 있는 것으로 추정된다. 다시 말해 지구는 태양보다도 더더욱 평범한 존재다. 수많은 행성 중에는 분명 앞서 말한 골디락스 영역에 들어가는 행성도 많을 것이다.

이렇게 우리 태양계 밖에서 다른 별 주위를 돌고 있는 행성을 '외계행성'이라고 부른다. 외계행성은 관측하기가 몹시 어렵다. 크기도 작고 멀리 떨어져 있을뿐더러 항성과 달리 스스로 빛을 내지 않기 때문이다. 그래서 보통 간접적인 방식으로 관측해야 한다. 한 가지 방

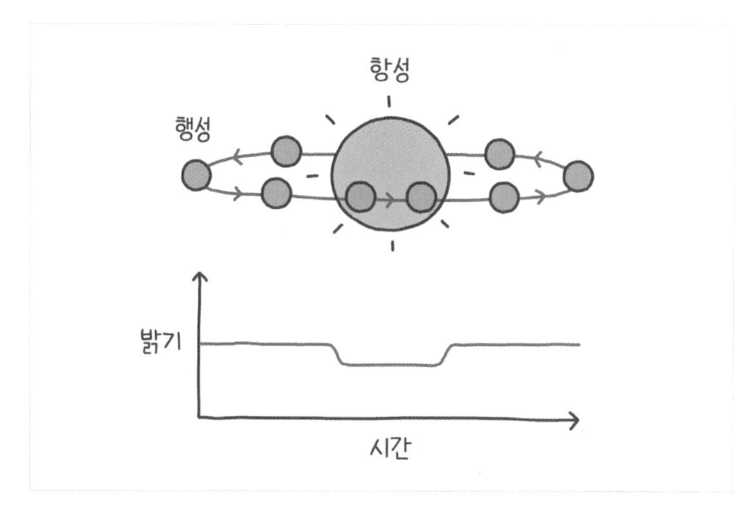

외계행성이 항성 앞을 지나갈 때 항성 빛이 약간 어두워지는 밝기 변화로 외계행성을 관측할 수 있다.

법은 외계행성이 항성 앞을 지나갈 때 항성 빛이 행성에 가려 약간 어두워지는 밝기 변화를 측정하는 거다. 예를 들어 태양이 목성 앞을 지나가면 태양 빛이 1% 정도 줄어든다. 이를 '별표면 통과 방법'이라고 한다.

굉장히 어려운 일이지만 외계행성을 직접 촬영할 수도 있다. 2021년 12월 25일 크리스마스 선물처럼 우주로 떠난 제임스 웹 우주망원경(이하 웹 망원경)은 최초로 외계행성의 이미지를 촬영해 인류에게 보내왔다. 웹 망원경은 1990년부터 인류의 눈이 되어준 허블 우주망원경(이하 허블)의 후계자다. 허블보다 주경이 더 커서 희미한 빛도 잘 모으며 에너지가 적은 적외선 영역까지 포착한다. 따라서 이제까지 볼 수 없던 놀라운 우주의 모습을 보여 주면서 우리의 시야를 넓혀 준다.

그런데 외계행성을 발견한 다음 그곳에 생명이 살고 있는지 아닌지는 어떻게 알 수 있을까? 피라미드는 국제우주정거장에서도 보인다던데, 행성 표면에서 외계인들이 지은 초대형 건축물이라도 찾아야 할까?

여기서 웹 망원경은《코스모스(칼 세이건, 홍승수 옮김, 사이언스북스, 2006)》의 저자로 유명한 미국의 천문학자 칼 세이건의 흥미로운 연구법을 차용한다. 바로 외계행성의 대기 성분을 분석하는 것이다. 예를 들어 산소와 메테인은 반응성이 강하기 때문에 가만히 둔 자연 상태에서는 이산화탄소와 물로 바뀐다. 따라서 외계행성의 대기에 산소와 메테인의 농도가 높다면 자연 상태를 벗어난 어떤 개입이 있었다는 뜻이므로 생명의 흔적을 의심할 수 있다.

그렇다면 외계행성의 대기 성분은 어떻게 알아낼까? 이때 다시 한 번 항성을 이용할 차례다. 항성은 다양한 진동수의 빛을 내보내고 있다. 항성 앞을 외계행성이 지나갈 때 행성 대기에 있는 기체 분자들은 각자 특정 진동수의 빛을 흡수한다. 그래서 전체 빛의 스펙트럼을 그려 보면 특정 진동수만 쥐가 파먹은 것처럼 움푹 파이게 된

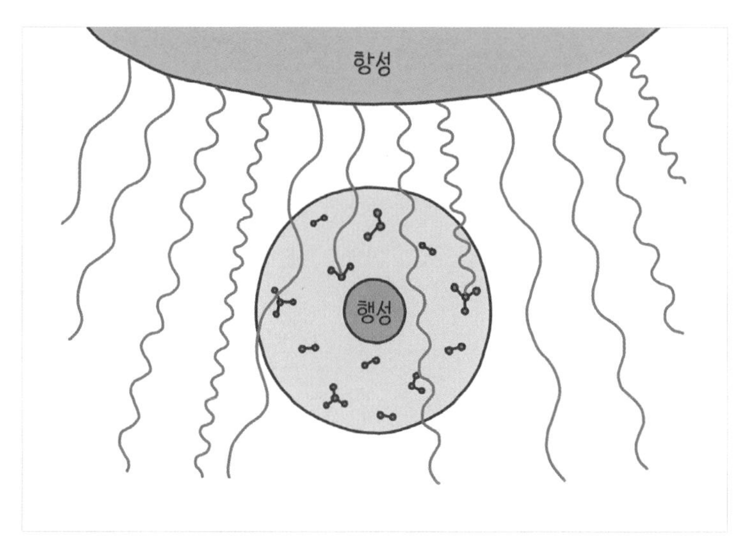

외계행성이 항성 앞을 지나갈 때 기체 분자들이 특정 진동수만 흡수하는 특성을 이용해 대기 구성 성분을 분석할 수 있다.

다. 이를 보고 어떤 기체 분자들이 외계행성의 대기를 구성하고 있는지 알아낼 수 있다(진동수란 1초에 몇 번 진동하는 지를 뜻한다. 빛의 진동수와 분자의 운동에 관한 자세한 내용은 306쪽에서 확인할 수 있다).

웹 망원경은 이 방법으로 외계행성의 대기 구성 성분을 분석하면서 예상보다도 더 훌륭한 성능을 뽐내고 있다. 생명의 신호를 품은 외계행성을 찾아낼 경이로운 날이 머지않았는지도 모른다.

우주는 우리를 위해 만들어졌을까

우주를 찬찬히 살펴보면 이상하리만치 우리에게 호의적이라는 사실을 깨닫게 된다. 마치 생명이 태어나서 살아갈 수 있도록 자연의 기본 상수들이 아주 미세하게 조정된 것처럼 보인다. 단순한 우연이라기엔 너무나 이상적인 상태처럼 느껴진다.

조금만 더 자세히 살펴보자. 자연에는 중력, 전자기력, 약한 핵력, 강한 핵력이라는 네 가지 기본 힘이 있다. 이 힘들은 지금의 우주를 유지하기 위해 완벽하게 균형을 맞추고 있는 것처럼 보인다. 만약 중력이 지금보다 더 강했다면 태양은 지금보다 훨씬 더 거대했을 것이고 더 빠르게 타버렸을 것이다. 반대로 중력이 더 약했다면 애초에 물질들이 한데 모여 별이나 은하를 생성하지 못했을 것이다. 나머지 힘 역시 지금보다 조금만 더 강하거나 약했다면 우주는 지금과 같은 모습이 아닐 것이다.

좀 더 쉬운 예로 물을 살펴보자. 보통 물질은 기체일 때 분자끼리 가장 멀리 떨어져 있고 액체일 때 좀 더 가깝게 모여 있으며 고체일 때 가장 촘촘하다. 따라서 고체일 때가 가장 무겁다. 그런데 물 분자는 분자 구조가 특이해서 액체일 때보다 고체일 때 더 가볍다. 4℃일 때 가장 무거웠다가 0℃ 이하 얼음이 되면 물 위에 뜬다. 그래서 겨울에 호수가 꽁꽁 얼어붙어도 얼음 표면 아래의 얼지 않은 물에서 물

고기들이 살아갈 수 있다. 그렇지 않았다면 이 생명들은 죽음을 면치 못했을 것이다.

왜 하필이면 생명에 필수적인 물이 이런 특이한 구조를 하고 있을까? 어떻게 자연의 모든 기본 힘의 크기가 이렇게까지 완벽할 수 있을까? 어떤 절대적인 존재, 이를테면 신이 우리를 위해 이 세계를 만들어 준 건 아닐까?

이런 물음에서 등장한 개념이 바로 '인류 원리'다. 지적 생명체의 존재가 우주의 물리적 특성을 설명한다는 원리로, 1973년 천체물리학자 브랜던 카터가 처음으로 제시했다. 특히 '강한' 인류 원리를 지지하는 사람들은 우리 인류가 존재할 수 있도록 이 세계가 특별히 설계됐다고 말한다. 모든 기본 상수가 교묘하고 적절하게 지금의 값을 가져서 우리가 존재할 수 있었다. 상수 가운데 하나라도 지금의 값과 살짝이라도 달랐다면 우리는 없었다. 이 모든 게 순전한 우연일까?

하지만 우주가 우리를 위해 존재한다는 건 너무나도 오만하고 자아도취적인 생각이다. '나'라는 존재가 탄생한 과정을 생각해 보자. 엄마와 아빠, 할머니와 할아버지, 증조할머니와 증조할아버지 또 그 위로 수많은 조상들이 수많은 사람들 중에 만나서 사랑에 빠질 확률이 얼마나 될까? 인류가 탄생하고 지금까지 이어진 나의 조상들의 우연한 만남을 전부 고려해 보면 내 존재가 너무나도 기적적으로 느껴진다(물론 우리 한 명 한 명은 기적적이고 소중한 존재다).

하지만 이 많은 우연이 이어지는 게 불가능한 일은 아니다. 그 말도 안 되는 우연의 총합인 나는 지금 여기 있다. 존재할 확률이 0에 가까운 것 같은 데도 나는 존재한다. 하지만 그렇다고 해서 내 존재 자체가 신이 나를 만들었다는 증거가 되지는 못한다.

그렇다. 우주는 기적적일 정도로 우리에게 맞춰져 있다. 하지만 상수값들이 지금과 같지 않았다면 어차피 우리는 존재하지 못했을 것이다. 우리가 존재하지 않았다면 우주를 관찰할 수도 없었을 것이다. 그래서 우리가 살고 있는 우주는 우리에게 호의적인 우주일 수

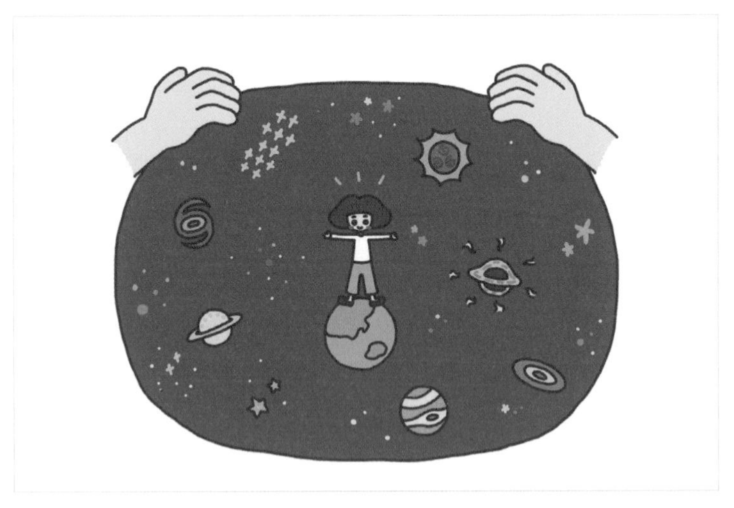

인류 원리를 지지하는 사람들은 우리 인류가 존재할 수 있도록 이 세계가 특별히 설계됐다고 말한다.

밖에 없다. 인류 원리는 사실상 아무런 문제도 해결해 주지 않는다.

인류 원리를 보면 알 수 있듯이 과학자들이 반드시 과학적인 이야기만 두고 토론하는 건 아니다. 어떻게 보면 이런 개념은 과학과 인문학의 연결점에 서 있다고 할 수 있다. 과학만의 힘으로 또는 인문학만의 힘으로는 풀 수 없는 복잡하고 튼튼한 매듭이다.

우리가 사는 세계가 무수한 세계 가운데 하나에 불과하다면

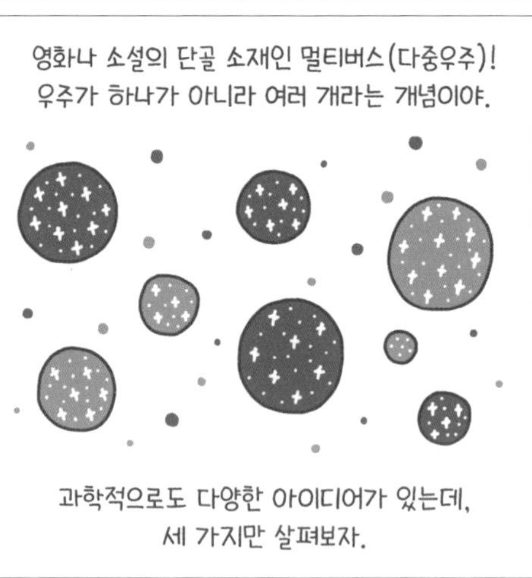

[1. 누벼 이은 다중우주]
관측 가능한 우리 우주는
반지름이 약 450억 광년인 동그란 구 모양이야.

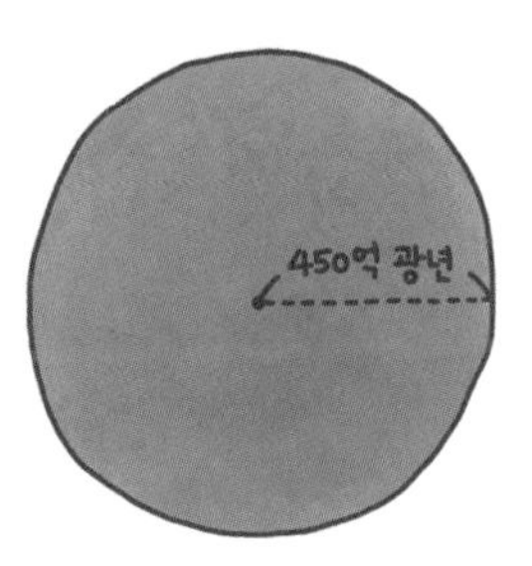

*1광년: 빛이 1년 동안 이동하는 거리

우주 공간이 거의 무한하다면, 관측 범위 너머에도
이런 구형 우주가 무수히 늘어져 있을 거야.
천 조각을 모아 누빈 것처럼 다닥다닥 붙어서 말이야.
그중에는 우리 우주랑 똑같은 우주도 있을 수 있어.

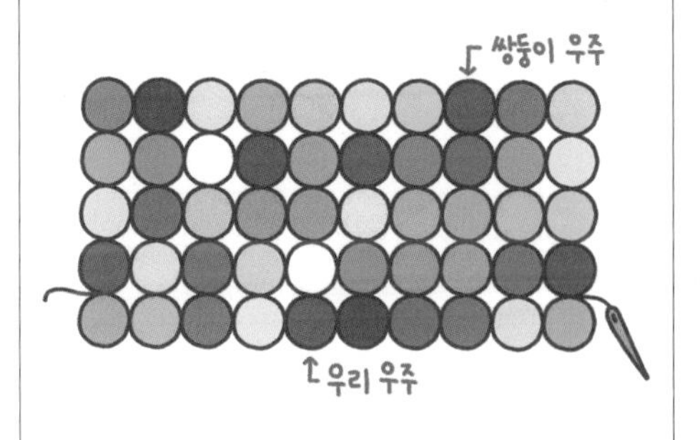

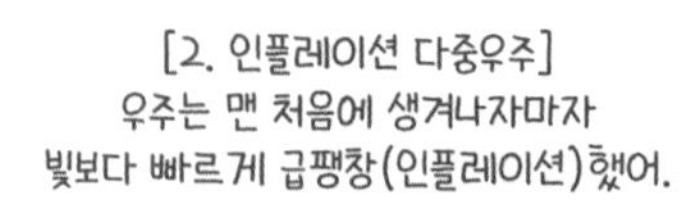

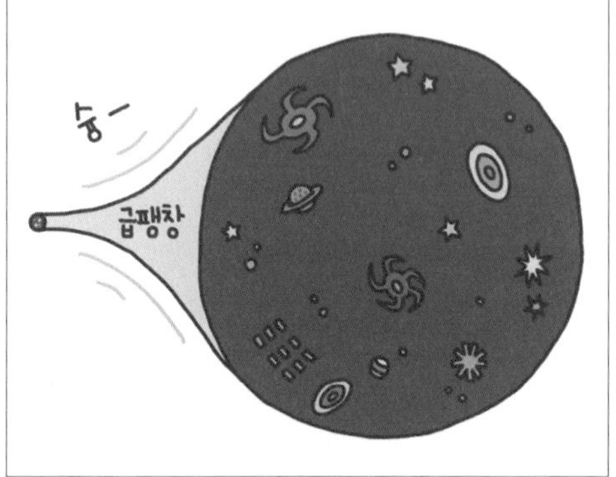

이런 급팽창이 우주 초창기뿐만 아니라,
지금도 우리 우주 여기저기서 계속 일어나면서
새끼 우주가 생겨나고 있을지도 몰라.
그 우주들에선 물리 법칙도 완전 다를 수 있어.

[3. 양자 다중우주]
독약이 퍼질 확률이 50%인 상자 안에
고양이가 들어있다고 하자.
양자론에 따르면, 우리가 상자를 열기 전까지
이 고양이는 죽은 상태 50%와 산 상태 50%가
합쳐진 이상한 상태에 놓여 있어.

우리가 상자를 열고 (만약에) 죽은 고양이를 마주하면,
그 순간 세계가 둘로 갈라지면서
고양이가 살아있는 또 다른 세계가 펼쳐져.
선택의 순간마다 새로운 우주가 생기는 거야.

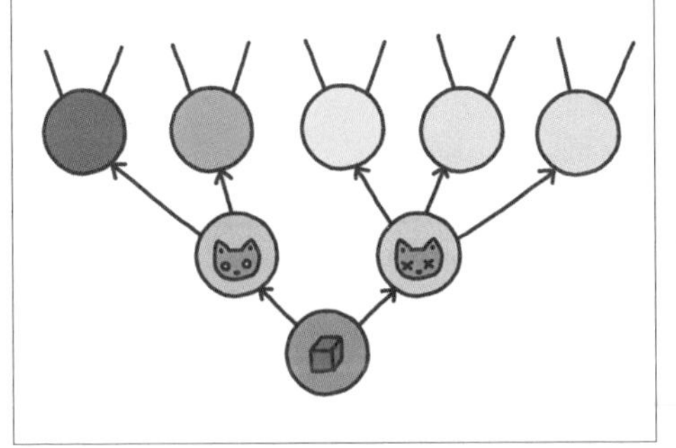

여러 개의 우주

'우주宇宙'라는 용어는 한글로는 하나지만, 영어로는 세 가지로 나뉜다. 첫째로 스페이스space가 있다. 단어와 단어 사이를 띄어 주는 키보드의 스페이스 키처럼 '공간'이라는 뜻이다. 지구 밖에 광활하게 펼쳐진 실제 우주 공간을 가리킨다. 그래서 우리가 우주 공간으로 나갈 때 사용하는 우주선은 영어로 spacecraft다.

둘째로 코스모스cosmos가 있다. '전 세계를 아우르는 질서' 같은 개념이다. 그리스어에서 왔으며 혼돈을 뜻하는 카오스chaos의 반대말이다. 우주론은 영어로 cosmology다. 우주 전체를 지배하는 물리법칙을 바탕으로 우주의 기원과 구조를 연구하는 학문이다.

셋째로 유니버스universe가 있다. 유니uni는 하나라는 뜻이고 버스verse는 구절이라는 뜻이다. '한 덩어리로 된 세계' 같은 느낌이다. 유니버스는 온 우주가 동일한 물리법칙이 보편적으로 작용하는 하나의 세계라는 인식을 담고 있다. 영어로 보편성은 universality다.

최근 영화에도 자주 등장하는 소재인 멀티버스multiverse도 이런 맥락에서 쉽게 해석할 수 있다. 멀티multi가 여럿을 뜻하므로, 멀티버스는 '여러 개의 우주'라는 뜻이다. 한글로는 '다중우주'라고 한다. 우리 우주가 유일 우주가 아니고 다른 우주가 여럿 있을 수 있다는 개념이다. 아직은 확실히 영화 속에나 등장할 법한 이야기다. 실험으로 검증할 수 없기 때문에 과학의 범주에 넣기도 쉽지 않다. 하지만 다중우주는 과학자들 사이에서 점점 더 진지하게 고려되고 있다.

옛날 사람들은 지구가 세상의 중심이고 모든 천체가 그 주위를 돈다고 믿었다. 그러다가 지동설이 받아들여지면서 세상의 중심이 태양으로 옮겨갔다. 하지만 태양 역시 이 세상에서 유일무이한 존재가 아니었다. 태양계라는 세계 바깥에는 수많은 태양이 자신만의 세계를 형성하고 있었다. 그리고 1924년 허블이 안드로메다은하가 우리은하 밖에 있다는 점을 확인하면서, 우리은하 말고도 수천억 개의 은하가 존재한다는 사실이 드러났다. 우리의 세상은 지구에서 태양계로, 태양계에서 우리은하로, 우리은하에서 온 우주로 확장해 나갔다. 알고 보니 지구도 태양도 은하도 하나가 아니었다는 사실은, 자

우리의 세상은 지구에서 태양계로, 태양계에서 은하로, 은하에서 우주로 넘어갔다. 알고 보니 지구도 태양도 은하도 하나가 아니었다는 사실은, 자연스레 우주도 하나가 아닐지도 모른다는 생각으로 이어진다.

연스레 우주도 하나가 아닐지도 모른다는 생각으로 이어진다.

과학자들이 고려하는 다중우주 모형은 여러 종류가 있다. 여기서는 그중에서 '누벼 이은 다중우주', '인플레이션 다중우주', '양자 다중우주'를 하나씩 살펴보려고 한다. 자세한 내용은 많이 어려울 수 있으니 각각에 대해 큰 그림을 그려 보고 느낌만이라도 받아 보자. 그리고 무엇보다도 흥미로운 질문인 '다른 우주에는 우리의 도플갱어가 살고 있을까?'에 대한 답을 생각해 보자.

누벼 이은 다중우주

현재 관측 가능한 우주는 지구에서 약 450억 광년까지다. 관측 수단인 빛의 속도가 정해져 있기 때문에 그 너머는 볼 수가 없다. 1광년은 빛이 1년 동안 이동하는 거리다. 우주가 탄생한 게 138억 년 전이므로, 그때(엄밀히는 빅뱅 약 38만 년 이후)부터 날아온 빛으로 관측할 수 있는 우주의 범위 또한 138억 광년까지일 거로 생각할지도 모르겠다. 하지만 우주가 팽창했기 때문에 138억 년 전 출발한 빛이 이동해 온 거리는 450억 광년으로 늘어났다. 따라서 지구를 중심으로 했을 때 반지름이 450억 광년인 동그란 구球가 관측 가능한 우주가 됐다.

하지만 이는 어디까지나 '우리'가 볼 수 있는 '우리 우주'의 이야기다. 450억 광년이라는 한계 너머에는 무엇이 있을까? 갑자기 낭떠러지처럼 우주가 뚝 끊겨 버리고 바깥쪽에는 아무것도 없는 걸까?

내가 지구에서 100억 광년 떨어진 다른 행성에서 우주를 관찰한다고 가정해 보자. 그렇다면 거기서는 그곳을 중심으로 반지름이 450억 광년인 구형 우주를 볼 수 있을 것이다. 지구에서 본 우주와 겹치는 부분도 있지만, 겹치지 않는 새로운 부분도 있다.

만약 지구에서 900억 광년(관측 가능한 우주의 반지름의 두 배)만큼 떨어진 곳으로 간다면, 그곳에서의 관측 가능한 우주는 지구에서의 관측 가능한 우주와 겹치지 않고 살짝만 맞닿아 있을 것이다. 그곳에는 지구에서 볼 수 없는 완전히 새로운 우주가 펼쳐져 있을 것이다.

만약 우주 공간이 거의 무한에 가까울 정도로 어마어마하게 크게 펼쳐져 있다면 이런 관측 가능한 구형 우주들이 3차원 달걀판처럼 다닥다닥 붙어서 무수히 늘어져 있는 모습을 상상할 수 있다. 마치 작은 자투리 천 조각을 모아서 누비질한 것 같은 모습이다. 이를 '누벼 이은 다중우주quilted muitiverse'라 부른다.

친구랑 10명이 모여서 로또를 했다고 치자. 그중 누군가가 나와 완전히 같은 숫자를 골랐을 확률은 거의 0에 가깝다. 하지만 내 친구가 무한히 많다면, 그중에는 분명 나와 완전히 똑같은 숫자를 고른 친구가 있을 수밖에 없다. 확률이 아무리 0에 가까운 사건일지라도 시도를 무한으로 한다면 일어나기 마련이다.

마찬가지로 우주 공간이 무한하다면 그 속에 있는 관측 가능한 우주의 개수도 거의 무한하다. 그리고 그 우주 중에는 분명 우리 우주와 완전히 똑같은 태양계와 지구가 만들어지고, 그 안에서 인류가 탄생해 문명을 발생시키고 우리 지구와 동일한 역사를 거쳐 이윽고 우리 개개인과 완전히 똑같은 사람이 살아가는 우주도 있을 것이다. 다시 말해 모든 입자의 배열이 우리 우주와 완전히 동일한 우주가 있을 것이다.

일부 과학자들은 친구가 총 몇 명이어야 나와 똑같은 로또를 뽑은 친구가 나올지 즉 전체 공간 안에 관측 가능한 우주가 총 몇 개 있어야 우리 우주와 똑같은 우주가 생길 수 있을지를 대략 계산하기도

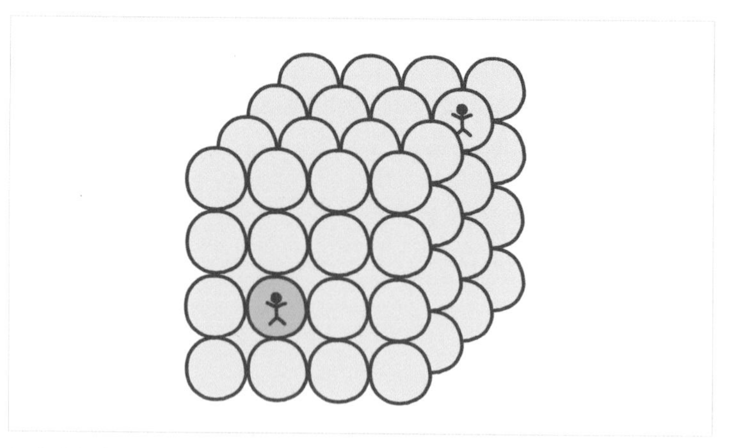

누벼 이은 다중우주의 모습으로 진한 노란색이 우리 우주고, 연한 노란색이 다른 우주다. 사람 모양은 나라는 존재다.

했다. 그 숫자는 우리의 상상을 뛰어넘을 만큼 어마어마하게 크다. 다른 우주에 우리의 도플갱어가 우리와 비슷하게 살아가고 있을지라도 실제로 마주쳐서 목숨을 잃을까 봐 가슴 졸일 필요는 전혀 없어 보인다.

인플레이션 다중우주

우주는 탄생 직후에 빛보다도 빠른 속도로 급팽창했다. 이를 '인플레이션 이론'이라 한다. 인플레이션 이론은 빅뱅 이론이 미처 설명하지 못했던 몇 가지 문제들을 추가로 설명하면서 이제 대부분의 과학자에게 받아들여지는 정설이 됐다. 다만 처음 제시된 이후로 조금씩 수정돼 왔으며 세부적인 내용이 조금씩 다른 몇 가지 버전이 존재한다.

다중우주 개념을 살펴보는데 있어서 인플레이션 이론을 구체적으로 이해할 필요는 없다. 아주 간단하게만 말하자면 인플레이션은 우주가, 에너지가 높고 덜 안정적인 가짜 진공 상태에서 에너지가 낮고 더 안정적인 진짜 진공 상태로 변하는 과정에서 일어난다.

그런데 이런 가짜 진공 상태가 꼭 138억 년 전에만 있었으리라는 법은 없다. 지금도 우주 어딘가에서 에너지가 요동치다가 높아지면 충분히 인플레이션이 일어날 수 있다. 또 다른 빅뱅이 일어나 또 다른 우주를 만들어 내는 것이다. 이렇게 우주 여기저기서 인플레이션이 영원히 일어나면서 새끼 우주가 끊임없이 생겨나는 것을 '인플레이션 다중우주inflationary multiverse'라 부른다.

이렇게 생겨난 새끼 우주들에는 우리 우주와 완전히 다른 물리법칙이 작용할 수도 있다. 에너지가 요동치다가 우주가 탄생할 때 그 초기 상태가 완전히 동일할 거라는 보장이 없기 때문이다. 인류 원리에서 언급한 자연의 기본 상수들을 다시 떠올려 보자. 상수들의 값이 다른 우주는 우리 우주와 사뭇 다른 모습을 하고 있을 것이다. 예를 들면 우리 우주보다 중력이 작아서 은하나 별 같은 대규모 천체가 아

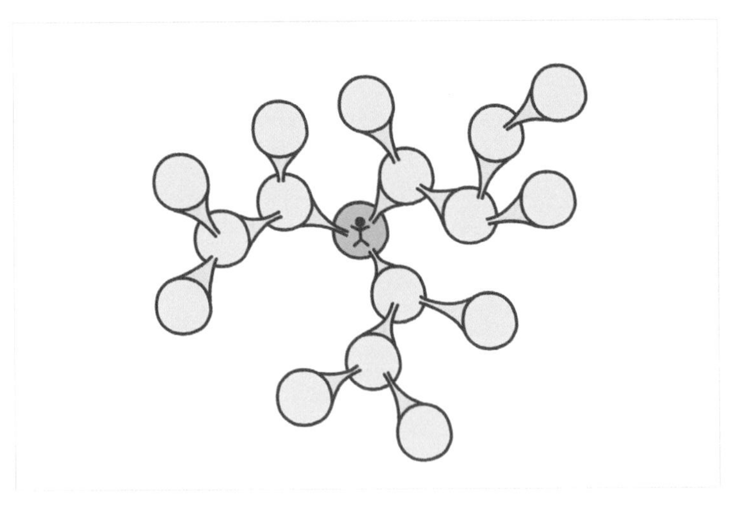

인플레이션 다중우주의 모습으로 진한 노란색이 우리 우주고, 연한 노란색이 다른 우주다. 사람 모양은 나라는 존재다.

에 없을 수도 있다. 물질을 구성하는 기본 입자도 다를 수 있다. 아마 그런 우주에서는 우리의 도플갱어 자체가 존재하지 못할 것이다.

양자
다중우주

영화 〈에브리씽 에브리웨어 올 앳 원스(2022)〉에서 주인공 에블린은 남편과 함께 미국으로 이민 와 세탁소를 경영하며 힘들게 살아가다가, 이 세상에는 무수한 우주가 있으며 그 안에서 무수한 자신이 살아가고 있다는 사실을 깨닫는다. 그중에는 남편과 결혼하지 않고 홍콩에 남아 유명한 액션 배우가 된 에블린도 있고, 철판 요리 가게에서 일하는 요리사가 된 에블린도 있다. 피자 가게에서 모객 아르바이트를 하는 에블린도 있고, 사고로 눈이 멀었으나 훌륭한 가수가 된 에블린도 있다. 순간순간 어떤 선택을 하느냐에 따라 다른 세계가 펼쳐지면서 각기 다른 모습의 '에블린'이 됐다.

아마도 사람들이 가장 먼저 떠올리고, 또 가장 좋아하는 다중우주 개념은 바로 이 '양자 다중우주quantum multiverse'일 것이다. '만약 그때 이민을 가지 않았다면?', '만약 그때 결혼하지 않았다면?' 하는 가정 속에 수많은 에블린이 살고 있듯이 때로는 우리도 덧없는 가정 속의 나는 어떤 삶을 살고 있을지 그려 보곤 한다.

이 개념은 사실 양자론이 지닌 문제점을 다루는 과정에서 등장했다. 양자론 자체는 여기서 다루기에 너무 어렵고 방대하다. 하지만 양자론은 몰라도 '슈뢰딩거의 고양이'라는 사고실험(머릿속에서 생각으로 하는 실험)은 들어 본 적이 있을 것이다.

그럼 지금 같이 실험을 해 보자. 어떤 불투명한 상자 안에 고양이를 집어넣자. 그리고 잔인하지만 독약이 들어 있는 병도 함께 집어넣자. 이 병은 한 시간 안에 독약을 분사할 확률이 50%다. 이제 뚜껑을 닫고 한 시간 동안 기다렸다가 상자를 열어 보자. 그 고양이가 살아 있을 확률은 반반이다. 다시 말해 100번 실험을 하면 50번은 살아 있고 50번은 죽어 있을 것이다(이런 실험을 실제로 100번 하는 사람은 없길 바란다).

문제는 뚜껑을 열어 보기 전에 발생한다. 우리가 안을 들여다보지 않는 동안에 고양이는 살아 있을까 아니면 죽어 있을까? 물론 직접 보기 전까지는 모른다. 하지만 보지 않아서 모르는 것일 뿐 상식적으로는 둘 중 하나일 것이다. 고양이는 상자 안에서 100% 살아 있거나 100% 죽어 있다.

하지만 양자론이 지배하는 아주아주 작은 세계, 원자보다 작은 미시 세계에서는 상황이 달라진다. 양자론에 따르면 우리가 보기 전까지 고양이는 살아 있는 상태도 아니고 죽은 상태도 아니다. 살아 있는 동시에 죽어 있다. 살아 있는 고양이 50%와 죽어 있는 고양이

50%가 겹쳐서 존재하는 이상한 상태에 놓여 있다. 그러다가 우리가 상자를 열고 관측하는 순간 100% 살아 있는 상태 또는 100% 죽어 있는 상태로 재빠르게 바뀐다.

산 상태와 죽은 상태가 겹쳐 있다니 그리고 관측하는 순간 그중 한 상태로 바뀐다니 이게 도대체 무슨 말 같지도 않은 말인가 싶다. 하지만 이게 양자론이 주장하는 현실이다. 실제로 고양이처럼 큰 물체는 우리의 일반적인 상식을 따르기 때문에 상태가 겹쳐 있지는 않다.

하지만 전자 같이 작은 입자는 양자론을 따르기 때문에 실제로 여러 상태가 겹쳐 있다. 우리는 전자의 상태를 정확히 알 수 없다. 오로지 확률만 알 수 있다. 우리가 무식하거나 기술이 부족해서가 아니다. 원래 그렇다. 양자론은 이렇게 이상한 이야기를 한다. 그러면서도 지금까지 단 한 번도 현실 세계를 기술하는 데 실패한 적이 없는 아주 단단한 이론이다.

과학자들은 혼란에 빠졌다. 일부는 이를 그냥 받아들이기로 했다. 자연은 원래 그런 거니 묻지도 따지지도 말자고 했다. 이러한 주장은 현재 물리학계에서 주류로 자리 잡았다.

하지만 다른 방식으로 양자 현상을 설명하려는 소수의 비주류 과학자도 있다. 그렇게 제시된 대안 중 하나가 바로 양자 다중우주다. 이 이론에 따르면 우리가 상자를 여는 순간 세계가 둘로 갈라진다.

예를 들어 우리 세계에서 고양이가 죽은 채로 발견됐다고 하자. 그러면 우리 세계가 아닌 또 다른 세계에서는 고양이가 산 채로 발견된다. 물론 저쪽 세계에서 고양이가 정말 살아 있는지 확인할 방도는 없다. 이미 우리 세계와는 갈라져 버렸기 때문이다.

이런 식으로 선택의 순간마다 세계가 갈라져 나가면서 수많은 우주에 수많은 역사가 쌓여간다. 그리고 모든 곳에 한 번에 존재하던 에블린처럼, 우리의 도플갱어 역시 무수한 우주에 무수히 존재하게

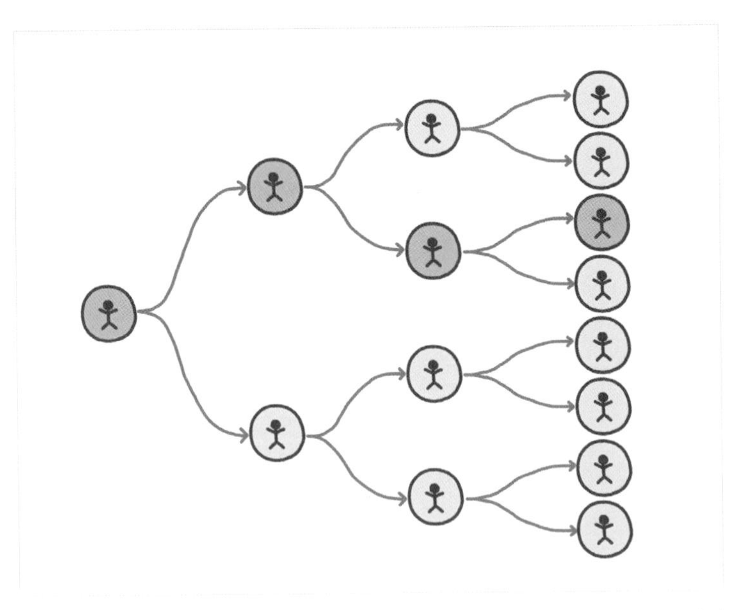

양자 다중우주의 모습으로 진한 노란색이 우리 우주고, 연한 노란색이 다른 우주다. 사람 모양은 나라는 존재다.

된다. 또다른 우주에 또다른 내가 존재한다니 여러 다중우주 모형 가운데 가장 흥미롭다. 하지만 다른 우주에 내가 있다 하더라도 직접 접촉하거나 검증할 방법은 없다. 그러니 영화에서처럼 기이한 행동으로 우주에서 우주로 뛰어넘으려고 시도하진 말자.

외계 문명의 흔적

외계인이 만든 물체 발견?

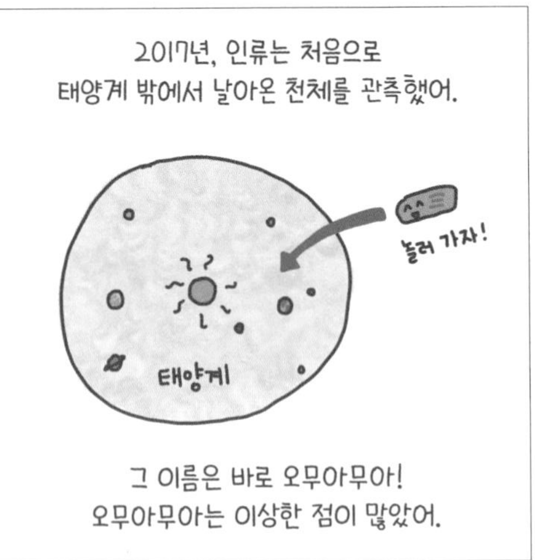
2017년, 인류는 처음으로
태양계 밖에서 날아온 천체를 관측했어.
놀러 가자!
태양계
그 이름은 바로 오무아무아!
오무아무아는 이상한 점이 많았어.

첫 번째 이상한 점은
태양 중력 말고 다른 힘도 받는 것 같다는 거야.
마치 직접 연료를 써서 움직이듯이 말이야.

두 번째 이상한 점은
모양이 극단적으로 길쭉하다는 거야.
일부러 만들지 않고서는 나오기 힘든 모양이지.

하버드대학교의 천문학자 아비 로브는
오무아무아가 인공 물체일 수 있다며,
앞으로도 이러한 외계 "기술"을 찾는 데
집중해야 한다는 대담한 주장을 펼쳐.

그보다 차라리 외계 기술의 증거를 찾는 편이
더 현실적일지도 모른다는 게 로브의 주장이야.
우가
우가
원시인이 스마트폰을 보면 뭔지는 몰라도
돌과 다르다는 건 알아차릴 거라는 거지.

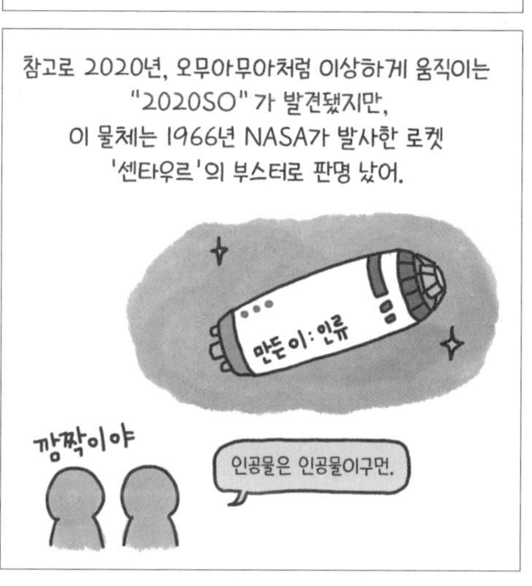
참고로 2020년, 오무아무아처럼 이상하게 움직이는
"2020SO"가 발견됐지만,
이 물체는 1966년 NASA가 발사한 로켓
'센타우르'의 부스터로 판명 났어.
만든 이: 인류
깜짝이야
인공물은 인공물이구먼.

외계 문명이 만든 물체?

2017년 10월, 하와이 할레아칼라 천문대에서 우주를 돌아다니는 이상한 물체를 포착했다. 그 이름은 바로 '오무아무아'. 하와이어로 '먼 곳에서 온 정령'이라는 뜻이다. 오무아무아는 성간 천체로, 성간은 별과 별 사이를 뜻한다(영어로는 인터스텔라interstella라고 한다). 다시 말해 오무아무아는 태양계 밖에서 왔다. 지금까지 우리가 목격한 혜성이나 소행성은 전부 태양계 내부에서 왔다. 그런데 이번에는 처음으로 태양계 밖에서 날아온 성간 천체를 목격한 것이다.

외계에서 온 천체 오무아무아에는 이상한 점이 많았다.

첫째, 태양의 중력 말고도 다른 힘을 받는 것처럼 움직이고 있었다. 일반적인 천체라면 태양과 가까워졌을 때 가장 빠르고 태양을 지나면서 점차 속도가 줄어들어야 한다. 그런데 오무아무아는 태양을 지난 뒤 오히려 속도가 더 빨라졌다. 속도가 빨라지려면 혜성이 표면에서 가스를 분출하는 것처럼 추가적인 힘이 가해져야 한다. 하지만 오무아무아에서는 그러한 흔적을 확실히 찾지 못했다.

둘째, 모양이 상당히 극단적이었다. 우리가 아는 천체는 대체로 구 모양과 엇비슷하기 마련이다. 그런데 오무아무아는 유독 한쪽으로만 굉장히 길었다. 긴 쪽과 짧은 쪽의 비율이 최소 5:1 또는 10:1 이상으로, 기다란 바게트 또는 납작한 팬케이크 같은 모양을 하고 있었다. 보통 차이가 나 봐야 2:1 정도이지, 이제까지 이런 비율을 지닌 천체는 없었다. 마치 누가 일부러 만든 것만 같았다.

하버드대학교의 천문학자 아비 로브는 오무아무아가 인공 물체일지도 모른다는 파격적인 주장을 한다. 그러면서 우리가 외계 생명체를 탐구하는 방법 자체에 대한 의문을 제기하였다.

우리는 보통 외계 생명체를 탐구할 때 그들이 사용할지도 모를 전파 신호를 탐지한다. 하지만 30만 년 전부터 지구에 살았던 인류가 전파를 사용한 기간은 고작 100년 정도밖에 되지 않는다. 외계에 사는 다른 지적 생명체가 전파를 사용하는 단계에 다다랐을 확률 또한 굉장히 낮을 수 있다.

또 다른 방법으로 우리는 생명 자체의 흔적을 찾기도 한다. 앞서 이야기한 것처럼 외계행성의 대기에 있는 산소와 메테인의 농도를 분석하는 것이다. 하지만 '산소 = 생명체'라는 공식이 100% 성립하는 것은 아니다. 지구만 하더라도 생명이 탄생하고 첫 20억 년 동안은 대기에 산소가 거의 없었다. 반대로 목성의 위성인 이오Io에서는 생명체가 아닌 화산 활동에 의해서 산소가 발생한다.

우리는 외계 생명체의 문명이 어느 정도 수준인지 또는 생물학적 구조가 어떠한지 잘 알지 못한다. 그러니 차라리 외계 생명체가 보유한 '인공 기술'의 증거를 찾는 것이 더 현실적일지도 모른다는 게 로브의 주장이다. 예를 들어 먼 옛날 인류 조상의 손에 스마트폰을

쥐어 준다면 어떨까? 조상들은 그게 뭔지는 몰라도 적어도 자신이 사용하는 돌멩이와 다르다는 점은 알아차릴 것이다.

영화 〈2001: 스페이스 오디세이(1968)〉의 첫 장면을 보면 300만 년 전 유인원들 앞에 갑자기 커다랗고 매끈한 검은 석판이 나타난다. 유인원들은 그게 뭔지는 모르지만 주변에서 보던 자연과는 다른 인공적인 무언가라는 건 알아차린다(그다음 장면에서 최초의 도구를 상징하는 뼈다귀가 공중으로 날아가 최근 기술인 기다란 우주선으로 변하는데, 공교롭게도 오무아무아와 굉장히 비슷한 모양을 하고 있다).

사실 로브의 주장은 극소수의 주장이다. 오무아무아는 발견 당시 이미 태양에서 멀어져 가던 중이었고, 우리가 관찰할 수 있었던 기간은 고작 11일 뿐이었다. 그래서 태양과 가까울 때 잘 볼 수 있는 가스 분출을 확인하기가 힘들었다. 그렇기에 가스를 분출하지 않는다고 단정할 수 없다. 그리고 천체가 별에 가까워져 갈기갈기 찢긴 경우에는 긴 쪽과 짧은 쪽의 비율이 10:1까지 되는 게 꼭 불가능하지만은 않다는 것도 시뮬레이션으로 확인됐다. 개인적으로 오무아무아가 외계인이 만든 물체일 확률은 0에 가깝다고 생각한다. 이는 많은 과학자들의 생각이기도 하다.

하지만 세상을 다채롭게 해 주는 건 바로 로브와 같은 소수의 괴짜(?)들이다. 확률이 백만분의 일이라면 백만 명 중 한 명은 그 희미한 가능성을 시험하기 위한 연구를 해도 좋지 않을까? 우리가 너무

영화 <2001: 스페이스 오디세이(1968)>처럼 300만 년 전 유인원들 앞에 갑자기 커다랗고 매끈한 검은 석판이 나타난다면 유인원들은 그게 뭔지는 몰라도 주변에서 보던 자연과는 다른 인공적인 무언가라는 건 알아차릴 것이다.

획일화되어 있어서 고정관념에서 벗어나지 못하고 있는 건 아닐까? 과학은 언제나 기존의 패러다임을 수정하면서 발전해 왔다. 비단 과학뿐만 아니라 모든 분야에서, 우리 사회 전체에서 다양성은 늘 환영받고 존중받아야 한다. 흑백 세상보다 무지갯빛 세상이 아름답다고 느낀다면, 오무아무아가 인공물이라는 황당한 주장에 마음을 열어 두는 것도 즐겁고 신나는 일이 될 것이다.

외계 문명이 보낸 신호?

1977년 8월, 천문학자 제리 이만은 오하이오주립대학교에 있는 빅이어 전파망원경에 수신된 신호를 분석하던 도중 깜짝 놀랐다. 궁수자리 근처에서 인공적으로 보이는 매우 강력한 신호가 잡힌 것이다.

당시 신호의 세기는 1, 2, 3, 4, 5, 6, 7, 8, 9, A, B, C, D ... 순서로 기록되고 있었는데(즉 A는 10, B는 11, C는 12를 의미한다), 평상시에는 대부분의 진동수에서 1~4 정도 세기의 약한 신호만 잡히고 있었다. 그런데 돌연 특정 주파수에서 알파벳으로 표시될 만큼 강력한 신호가 잡혔다. "6EQUJ5". 신호는 72초 동안 지속됐다. 이만은 이 놀라운

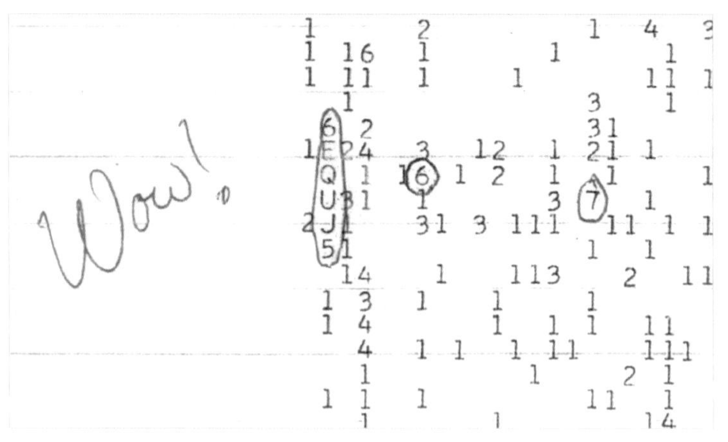

와우! 신호다.

신호에 빨간 볼펜으로 동그라미를 친 뒤 그 옆에 '와우!'라고 적었다.

지금까지 외계인이 보낸 신호를 수신했다는 주장은 여러 번 있었지만 가장 확실하고 강력한 후보는 바로 이 '와우! 신호'다. 과학자들은 '와우! 신호'를 다시 관측하기 위해 몇 번이고 노력했지만 안타깝게도 전부 실패했다. 혜성에서 나온 신호라는 주장, 태양 같은 별에서 나온 신호라는 주장 등 새로운 연구 결과들이 꾸준히 등장하고 있지만, 그 정체는 아직까지도 완벽히 밝혀지지 않은 채 수수께끼로 남아 있다.

'와우! 신호'를 발견한 이만은 외계 지적 생명 탐사SETI 프로젝트의 일반 참여자였다. SETI는 외계에서 의도적으로 보내오는 전파 신호를 수신하고 교류하려는 일련의 활동이다. 외계 생명체 가운데서도 우리와 같은 지적 생명체, 그것도 통신 기술을 개발하고 신호를 우주로 쏘아 보낼 만큼 문명이 발달한 생명체를 찾겠다는 구체적인 목표를 지니고 있다.

SETI 프로젝트가 성공할 가능성을 가늠하기 위해, 미국의 천체물리학자 프랭크 드레이크는 '드레이크 방정식'을 고안했다. 이 방정식에서는 '우리은하 안에서 우리가 탐지할 수 있는 고도 문명의 수' N을 다음과 같이 구한다. 이 책에 나오는 유일한 방정식으로 그냥 단순한 곱셈으로만 되어 있으니 지레 겁먹지 말고 차근히 살펴보자(아래첨자는 저자가 임의로 한글로 바꿨다. 원래 식은 다음과 같다. $N = R_* \cdot f_p \cdot n_e \cdot$

$f_l \cdot f_i \cdot f_c \cdot L$).

$$N = R_{\text{별}} \cdot f_{\text{행성}} \cdot n_{\text{환경}} \cdot f_{\text{생명}} \cdot f_{\text{지성}} \cdot f_{\text{문명}} \cdot L$$

여기서 $R_{\text{별}}$은 우리은하 안에서 1년에 별이 평균 몇 개 탄생하는가 하는 비율이다. $f_{\text{행성}}$은 그 모든 별 중에 행성을 거느리고 있는 별의 비다. $n_{\text{환경}}$은 행성을 거느리고 있는 별 하나당 생명체가 살 환경을 갖춘 행성의 개수다. $f_{\text{생명}}$은 그 행성 중에서 실제로 생명체가 탄생한 행성의 비다. $f_{\text{지성}}$은 생명체가 탄생한 행성 중에서 그 생명체가 지성을 갖추는 단계까지 진화한 행성의 비다. $f_{\text{문명}}$은 다시 그 행성 중에서 지적 생명체가 다른 천체와 교신할 수 있는 기술 문명을 발달시키는 단계까지 간 행성의 비다. 마지막으로 L은 그 문명이 신호를 우주로 내보낸 기간(연 단위)이다.

외계 문명의 수를 계산해 낼 수 있다니! 상당히 흥미롭게 들리지만 그만큼 위험한 식이다. 지구 생명체를 기준으로 지나치게 단순하게 짜여 있는 데다가, 각 변수의 값은 식 자체를 무의미하게 만들 정도로 불확실하며 과학적으로 결정하기도 힘들다. 과학자들이 어떤 가정을 하느냐에 따라 N값은 거의 0개에서 수백만 개까지 크게 널뛴다. 직설적으로 말하자면 이 식에는 $E=mc^2$ 같은 강력하고 확실한 효력이 전혀 없다. 하지만 우리가 어떠한 방향으로 생각해야 하는지

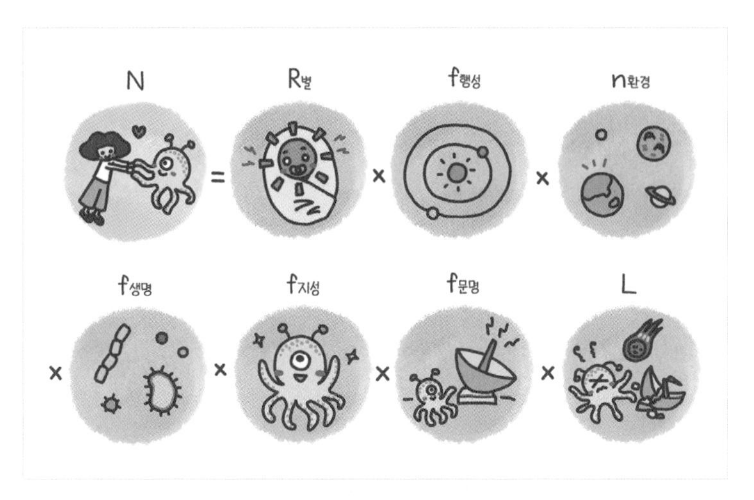

드레이크 방정식은 '우리은하 안에서 우리가 탐지할 수 있는 고도 문명의 수' N을 구한다.

갈피를 잡아 주고, 막연하게나마 계산을 통해 짐작하도록 도와준다는 데 큰 의의가 있다. 어쨌든 외계인을 마주할 확률을 내 손으로 직접 계산해 볼 수 있다니 엄청 멋지고 두근두근하지 않은가!

우리가 달에 가는 방법

다누리는 달에 가는 데
왜 이렇게 오래 걸릴까?

2022년 8월, 우리나라 최초의 달 궤도선이
팰컨9 로켓을 타고 우주로 날아갔어.
슈웅

궤도선의 이름은 '다누리'.
'달'을 마음껏 '누리'고 오라는 뜻이야.
누리자고!
수영장은 없습니다, 고객님.
황량...

그런데 1969년에 인류 역사상 최초로
달 표면에 착륙한 아폴로 11호는
나흘 만에 달에 도달했는데
지구
달

다누리는 달에 가는데 4~5개월이 걸려.
왜 이렇게 오래 걸릴까?
반세기 동안
퇴화했나, 휴먼!
?

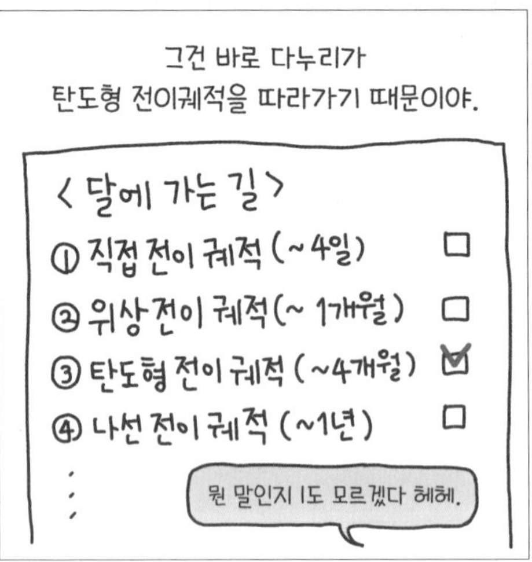
그건 바로 다누리가
탄도형 전이궤적을 따라가기 때문이야.
<달에 가는 길>
① 직접 전이 궤적 (~4일)
② 위상 전이 궤적(~ 1개월)
③ 탄도형 전이 궤적 (~4개월)
④ 나선 전이 궤적 (~1년)
뭔 말인지 1도 모르겠다 헤헤.

이 궤도를 따라가면 약 600만 킬로미터의
장거리를 빙빙 돌아 항해해야 하지만,
연료를 거의 쓰지 않고 달에 갈 수 있어.
L1

태양, 달, 지구 등의 중력을 활용해서
연료를 절감하는 거지.
손에
손잡고

우주 대항해 시대

1969년 7월, 미국 항공우주국NASA의 달 탐사선 아폴로 11호가 나흘 간의 비행 끝에 무사히 달에 도착했다. 사령선 컬럼비아가 달 주변을 빙빙 도는 동안 착륙선 이글은 달 표면으로 내려왔다. 그리고 선장 닐 암스트롱이 인류 최초로 지구가 아닌 다른 세계에 발을 내디뎠다. 그가 한 말처럼 "한 사람에게는 작은 발걸음이지만, 인류에게는 위대한 도약"이었다.

안타깝게도 이렇게 눈부시고 경이로운 과학의 발전 뒤에는 미국과 소련의 정치적 경쟁이라는 차갑고 어두운 이면이 있었다. 소련과의 경쟁에서 우위를 점하고 나자 점차 아폴로 계획에 대한 관심은 시들해졌다. 사람들은 천문학적으로 많은 돈을 들여 달에 가는 것에 회의를 느끼면서 지구로 눈을 돌렸다. 1972년 아폴로 17호를 끝으로 다시는 아무도 달에 가지 않았다.

하지만 반세기가 지난 지금 우리의 시선은 다시 달을 향하고 있다. 가장 대표적인 프로젝트가 NASA의 아르테미스 계획이다. 다시 사람을 달에 착륙시키는 것을 시작으로 달 주위를 공전하는 우주정거장을 띄우고 표면에 달 기지를 건설하는 초대형 프로젝트다. 참고로 그리스 로마 신화에 나오는 달의 여신 아르테미스는 태양의 신 아폴로의 쌍둥이 누이다. 아폴로 계획을 이어받으면서도 우주비행사가 전부 백인 남성이었던 과거를 재조명하고 다양한 인종과 성별의 우주비행사를 달로 보낸다는 취지에 알맞은 뜻 깊은 이름이다.

우리나라 역시 우주 대항해 시대에 활발하게 뛰어들고 있다. 나로호, 누리호, 다누리 등 이름이 비슷해서 헷갈리는 경우가 많지만 하나하나 살펴보자.

먼저 2013년 1월 30일, 대한민국 최초의 우주발사체 나로호 Naro(KSLV-I)가 두 번의 아픔을 딛고 발사에 성공했다. 우리나라는 우주 기술 분야에서 신생아나 다름없었지만 러시아와 협력을 통해 경험과 기술을 습득할 수 있었다.

이후 우리나라는 순수하게 우리 힘으로 발사체를 개발하는 데 착수했다. 수년간의 노력 끝에 드디어 2022년 6월 21일, 한국형발사체 누리호Nuri(KSLV-II)가 성공적으로 우주로 날아갔다. 이로써 우리나라는 세계 11번째 자력 우주로켓 발사국이 됐다.

2022년은 우리나라 우주 산업에 전환점과 같은 해였다. 누리호에 이어 8월 5일에는 한국형 달 궤도선 다누리Danuri(KPLO)가 달을 향한 여정을 떠났다. 마음껏 달을 누리고 오라는 뜻의 다누리는 스페이스X의 팰컨9 발사체를 타고 약 4개월을 비행한 끝에 달 궤도에 성공적으로 진입했다. 이로써 대한민국은 세계 7번째 달 탐사국 반열에 올랐다.

그런데 여기서 궁금한 점이 있다. 앞에서 언급한 아폴로 11호는

7월 16일에 출발해 20일에 달에 도착했다. 지구에서 달까지 나흘 만에 날아간 것이다. 그런데 다누리는 달까지 가는 데 약 4개월이 걸렸다. 왜 이렇게 오래 걸렸을까? 반세기 동안 우리의 기술이 퇴보한 것일까?

이유는 지구에서 달까지 가는 궤적에 있다. 달에 가는 길은 한 가지가 아니다. 직접 전이 궤적, 위상 전이 궤적, 탄도형 달 전이 궤적, 나선 전이 궤적 등 다양한 궤적이 있다.

예를 들어 아폴로 11호처럼 직접 전이 궤적을 택하면 가장 짧은 거리를 항해하기 때문에 약 4일이면 달에 갈 수 있다. 그 대신 이 궤

추석 연휴에 둥근 달을 보고 소원을 비는 대신 우주선을 타고 직접 달로 여행하는 날이 올지도 모른다.

적을 따르면 연료를 많이 소비한다는 단점이 있다. 가장 빨리 갈 수 있는 고속도로를 택하고 요금을 많이 내는 것과 비슷하다. 아폴로호에는 사람이 직접 타고 있었으므로, 연료 면에서 손해를 보더라도 최대한 빠른 길을 택하는 게 합리적이었다.

한편 다누리가 선택한 탄도형 달 전이 궤적은 약 4개월이 걸린다. 이 궤도를 따라가면 600만km 정도의 장거리를 빙빙 돌아야 하지만, 자체 추진력 대신에 태양, 달, 지구의 중력을 활용하기 때문에 연료를 많이 쓰지 않고도 달에 갈 수 있다는 장점이 있다. 여러 장비를 탑재한 다누리호의 무게 때문에 연료를 절감하는 궤도를 따르게 된 것이다.

다누리의 목적은 우리나라 최초로 달에 가는 것 자체였다고 할 수 있다. 이제 성공적으로 달에 도착한 다누리는 궤도선이라는 이름에서 알 수 있듯이 달의 궤도를 빙빙 돌면서 훌륭하게 임무를 수행하고 있다. 우리의 다음 목표는 직접 달 표면에 내려가는 착륙선이다. 그리고 그다음에는 우리나라도 사람을 달로 보낼 수 있을 것이다. 추석 연휴에 둥근 달을 보고 소원을 비는 대신 우주선을 타고 직접 달로 여행하는 날이 올지도 모른다.

엘리베이터를 타고 달에 간다고?

1865년, 공상 과학 소설 분야를 개척했다고 평가받는 프랑스의 소설가 쥘 베른은 〈지구에서 달까지〉에서 초대형 대포를 쏴서 달로 유인 우주 비행을 떠나는 이야기를 다루었다. 아직 우주로켓이 개발되기 전임에도 상상력이 대담하다. 과학적인 묘사도 상당히 뛰어나서 근대 로켓의 아버지라고 불리는 러시아의 우주과학자 콘스탄틴 치올코프스키 역시 이 소설에서 힌트를 얻었다고 알려져 있다. 문학과 과학은 언제나 서로에게 긍정적인 영향을 미치며 함께 성장해 왔다.

약 100년 뒤 쥘 베른보다 더욱더 대담하고 발칙한 상상을 하는 작가가 나타났다. 바로 영국의 SF 거장 아서 클라크다(앞에서 이야기한 영화 〈2001: 스페이스 오디세이(1968)〉의 원작 소설 작가이기도 하다). 클라크는 1979년 발표한 〈낙원의 샘〉에서 '궤도 엘리베이터'라는 개념을 소개해 대중적으로 널리 알렸다.

궤도 엘리베이터 개념은 다음과 같다. 적도 상공 약 3만 6,000km에는 정지 궤도라는 원 궤도가 있다. 이곳을 도는 인공위성은 지구의 자전 속도와 똑같은 각속도로 회전한다. 각속도가 똑같다는 건 지구가 1°만큼 회전할 때, 인공위성도 1°만큼 회전한다는 뜻이다. 지구가 한 바퀴(360°)를 돌면 인공위성도 한 바퀴를 돈다. 지구에서 봤을 때 정지 궤도를 도는 인공위성은 상공에 그냥 정지해 있는 것처

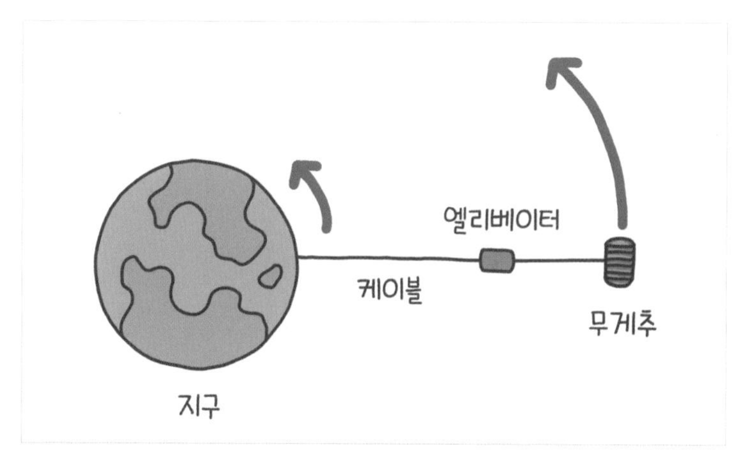

정지 궤도에서 지구와 함께 도는 궤도 엘리베이터의 개념도다.

럼 보인다. 이 정지 궤도를 도는 위성에서 지표면으로 케이블을 늘어뜨려서 지구와 함께 도는 엘리베이터를 건설하겠다는 게 바로 궤도 엘리베이터의 기본 개념이다.

다소 황당하게 들릴지도 모르지만, 과학자들은 생각보다 구체적으로 궤도 엘리베이터를 현실화할 방안을 모색하고 있다. 사람들이 우주 엘리베이터에 매력을 느끼는 가장 큰 이유는 바로 그 경제성에 있다. 우주로 1kg의 사물을 옮기는 데 로켓을 이용하여 약 3천만 원 정도가 든다면, 엘리베이터를 이용하면 약 30만 원 정도밖에 들지 않는다. 몇 번만 왔다 갔다 하면 초기에 엘리베이터를 건설하는데

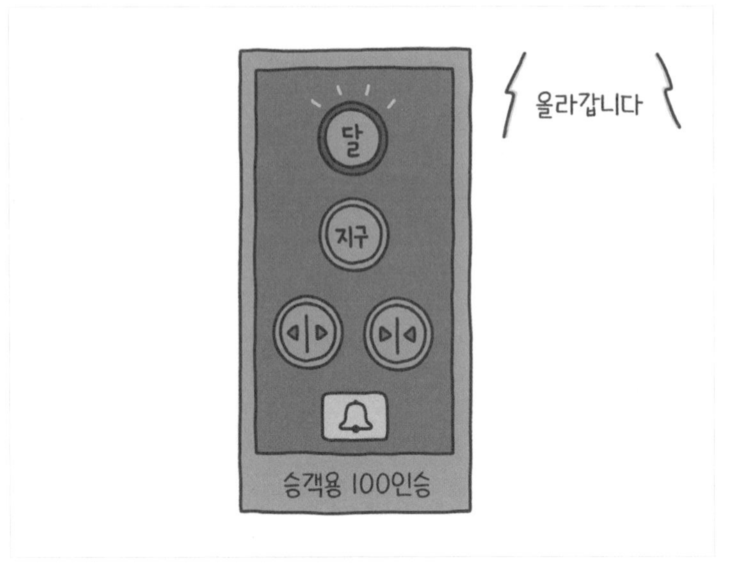

엘리베이터를 타고 달까지 가는 날이 올까?

들어간 막대한 비용을 금방 회수할 수 있을 것이다.

일부 과학자들은 궤도 엘리베이터에서 한발 더 나아가 달 엘리베이터라는 아이디어를 검토하고 있다. 엘리베이터를 정지 궤도가 아니라 달까지 연결하겠다는 거다. 물론 이 계획은 궤도 엘리베이터보다 훨씬 더 힘들고 무모하다. 하지만 과학자들은 달에서 정지 궤도까지만 엘리베이터를 건설한다던가 중간에 우주정거장을 활용하는 등 다양한 방법을 찾고 있다.

엘리베이터를 타고 달에 간다니? 이게 무슨 황당한 이야기인가 하겠지만, 과거에는 뜬구름 잡는 것처럼 들렸던 많은 이야기가 오늘날에는 과학 기술을 통해 손에 잡히는 현실이 됐다. 엉뚱한 상상은 과학이 앞으로 나아가는 연료가 되어 주곤 한다. 마지막으로 클라크가 제안했던 흥미로운 법칙, 클라크의 3법칙을 언급하면서 살펴보겠다.

클라크의 3법칙

- 첫째, 어떤 뛰어난 노년의 과학자가 무언가가 가능하다고 말한다면 그 말은 거의 확실히 옳다. 그러나 그가 무언가가 불가능하다고 말한다면 그 말은 틀릴 확률이 높다.
- 둘째, 가능성의 한계를 확인하는 유일한 방법은 불가능을 향해 한 발짝 더 내딛는 것이다.
- 셋째, 충분히 발달한 과학 기술은 마법과 구분할 수 없다.

뇌와 마음에 대하여

#뇌는 어떻게 생겼을까 #뇌는 무엇으로 이루어져 있을까
#오싹한 뇌과학 #수면의 뇌과학
#마음의 위치를 찾아서 #환원과 창발

뇌는 어떻게 생겼을까

뇌 구조를 파헤쳐 보자
아바라
단거
뭐 하고 놀까
과학
덕질
마감
집청소

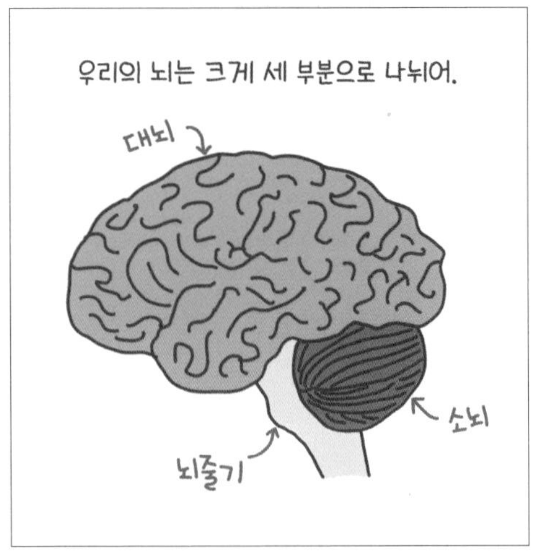
우리의 뇌는 크게 세 부분으로 나뉘어.
대뇌
소뇌
뇌줄기

첫째, 대뇌는 감각, 언어, 운동, 기억, 생각 등
모든 고등 정신 기능을 수행해.
짐이 곧
인간이다

둘째, 소뇌는 운동 능력을 조정하고 제어해줘.
운동선수의 소뇌는
일반인보다
커지기도 해!
23

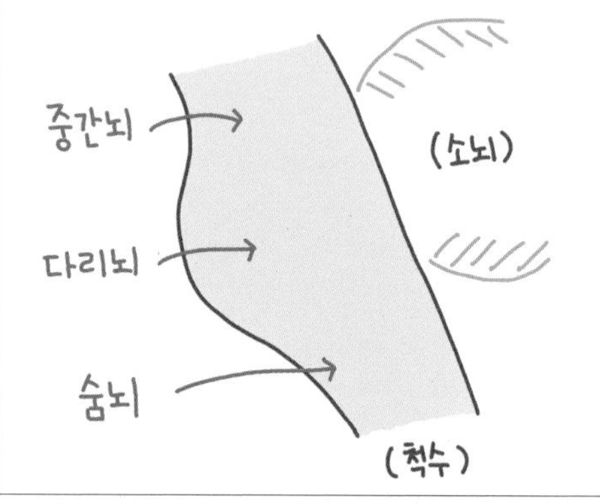
셋째, 뇌줄기는 뇌와 척수를 이어주는 줄기야.
중간뇌, 다리뇌, 숨뇌로 되어 있어.
중간뇌
다리뇌
숨뇌
(소뇌)
(척수)

호흡, 순환, 소화처럼
생명이 살아가는 데 꼭 필요한 기능을 담당해.
뇌줄기 = 생명유지장치

참고로 식물인간은 대뇌가 손상됐지만
뇌줄기는 살아있는 상태야.

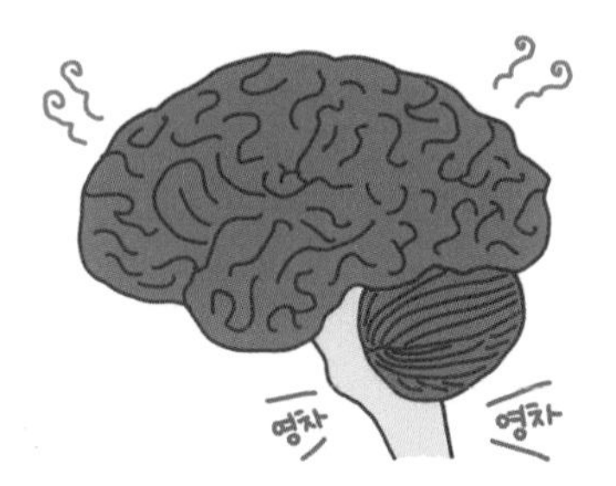

그래서 기본적인 생명 유지 활동을 하고,
수년 뒤 기적적으로 깨어나기도 해.

한편 뇌사는 뇌 전체가 죽어버린 거야.
안타깝지만 다시 회복할 수 없지.

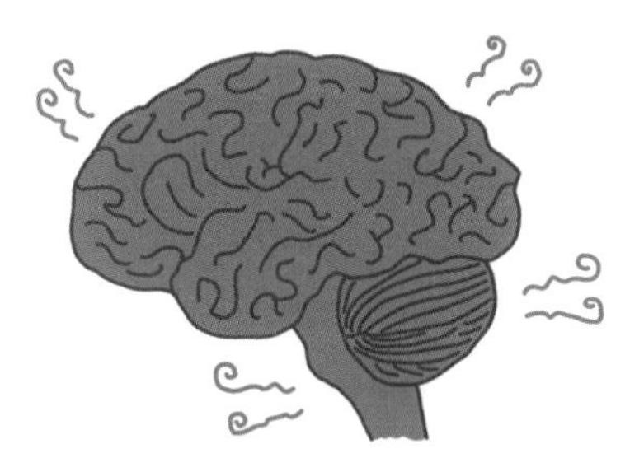

우리는 보통 뇌 하면 대뇌만 떠올리지만,
다른 뇌도 전부 중요한 역할을 하고 있어!

뇌 삼총사

뇌는 세상에서 가장 복잡한 존재 중 하나다. 머릿속에 들어 있는 이 말랑말랑한 덩어리를 연구하는 일은 굉장히 중요하지만, 인류 역사에서 오랜 시간 큰 진전을 보이지 못했다. 어떤 일을 하는 기관인지 단순한 관찰을 통해 알아내기가 굉장히 어렵기 때문이다.

하지만 최근 수십 년간 기술이 발달하면서 뇌에 대한 이해가 급격히 증가하고 있다. 또 그에 따라 '뇌과학'이라는 이름 아래 엄청나게 많은 정보가 빠르게 쏟아져 나오고 있다. 무엇부터 소화해 나가야 좋을지 막막하기도 하다. 시작점을 어디로 잡아야 할까? 예를 들어 여러분이 막연히 어떤 나라로 여행을 가기로 마음먹었다고 하자. 그 나라에 대해 정말 아무것도 모르는 상태라면 맨 처음에 무엇부터 하는 게 좋을까?

나라면 일단 그 나라의 지도부터 펼쳐 볼 것이다. 그래야 어느 도시가 어디에 있는지, 각 도시의 특징이 무엇인지, 어느 도시와 어느 도시가 붙어 있는지를 확인하고, 이를 토대로 가고 싶은 곳을 고르고 이동 경로를 짜는 등 큰 그림을 그릴 수 있다. 그런 의미에서 가장 먼저 뇌에 대한 대강의 지도를 그리려고 한다. 우리가 아무리 뇌과학에 관한 최신 동향을 많이 접하더라도 뇌가 어떻게 생겼는지와 같은 기본 지식이 없는 상태라면 혼란만 가중될 가능성이 크다. 밑도 끝도 없이 '이마앞겉질'이 중요하다는 말을 들어도 그게 어디에 있고 무슨 일을 하는 건지 아무런 감이 오지 않는다. 그러니 여행 도중에 길을 잃은 방랑자가 지도를 펼쳐 보는 것처럼, 뇌 영역이 헷갈릴 때마다 이 부분으로 와서 확인할 수 있도록 함께 정리해 보자. 지루할 것 같다 싶은 사람들은 그냥 지도 없이 용감히 다음 장으로 여행을 떠나고, 영 길을 모르겠다 싶을 때만 살짝 지도를 펼쳐 보면 되겠다.

뇌는 크게 '대뇌', '소뇌', '뇌줄기' 세 영역으로 나뉜다. 먼저 우리가 '뇌'라고 했을 때 흔히 떠올리는 주글주글한 뇌는 바로 대뇌다. 대뇌는 감각, 언어, 운동, 기억, 생각 등 대부분의 고등 기능을 담당한다. 한 마디로 우리가 다른 동물과 우리를 구분 짓는 특성이라고 생각하는 기능은 모두 여기에 들어 있다고 보면 된다.

다음으로 소뇌는 대뇌 뒤쪽 아래에 붙어 있다. 소뇌는 대뇌의 기능을 도와서 운동을 조절하고 균형을 잡는 데 중요한 역할을 한다. 실제로 운동선수들의 소뇌는 훈련의 결과로 보통 사람들보다 더 커지기도 한다. 소뇌를 다치면 근육 자체는 문제가 없어도 이를 조화롭게 움직이지 못하는 질환을 앓을 수 있다.

마지막으로 뇌줄기는 위로는 대뇌, 뒤로는 소뇌, 아래로는 척수로 이어지는 기다란 줄기다. 뇌줄기는 다시 중간뇌, 다리뇌, 숨뇌 세 영역으로 나뉜다. 중간뇌는 여러 뇌 영역의 중간에 있는 뇌로, 눈 깜박임처럼 무의식적인 반사운동에 관여한다. 다리뇌는 뇌 영역들을 다리처럼 이어주는 뇌로 소뇌와 대뇌 사이에 정보를 전달해 준다. 숨뇌는 숨 쉬는 걸 제어하는 뇌로 호흡뿐만 아니라 소화와 혈액 순환처럼 생명을 유지하는 데 필요한 기능을 담당하는 우리 몸의 생명 유지 장치다. 그래서 '생명의 뇌'라고도 불린다.

참고로 식물인간은 대뇌는 죽었어도 뇌줄기는 살아 있는 상태다. 그래서 식물인간 환자는 인공호흡기 없이도 기본적인 생명 유지 활동을 하며 몇 개월 또는 몇 년 뒤에 기적적으로 깨어나기도 한다. 한편 뇌사는 뇌줄기까지 포함해 모든 뇌가 죽은 상태다. 인공호흡기로 얼마간 삶을 연장할 수는 있지만 안타깝게도 그 끝에는 죽음이 기다리고 있다.

마지막으로 설명하지 않은 뇌가 하나 더 있다. 바로 '사이뇌'다. 사이뇌는 이름처럼 대뇌 사이에 끼어 있으면서 뇌줄기 맨 위쪽에 붙어 있다. 그래서 학자에 따라 대뇌에 넣기도 하고 뇌줄기에 넣기도 한다. 마치 깍두기 같은 존재다. 하지만 그 역할은 깍두기보다 훨씬 중요하다. 사이뇌는 체온 조절, 수면, 갈증, 식욕 등을 조절해 우리가 안정된 상태를 일정하게 유지하게 한다.

그중에
대장은 대뇌

앞에서 말한 우리의 세 가지 뇌 가운데 전체 부피의 85%를 차지하는 대장은 대뇌다. 대뇌의 생김새를 살펴보자. 겉에서 살펴본 대뇌는 쭈글쭈글하게 주름져 있다. 미관상으로는 별로일지도 모르겠지만 이렇게 하면 표면적이 늘어나서 더 효율적으로 작동할 수 있다. 대뇌 표면적의 3분의 2 정도는 주름 속에 숨어 있다. 다시 말해 우리의 대뇌는 호두처럼 쭈글쭈글해진 덕분에 주름이 없을 때보다 3배나 넓은 표면적을 확보했다.

뇌의 겉쪽은 어두운 회백색을 띠고 있다. 이곳을 겉쪽에 있는 물질이라는 뜻에서 겉질, 또는 회백색을 띤 물질이라는 뜻에서 회백질이라 부른다. 한편 뇌의 안쪽은 하얀색을 띠고 있어서 백질이라 부른다. 생각, 언어, 감정, 운동 등 대뇌의 실제 기능을 담당하는 건 바로 겉질이다. 인간의 뇌는 다른 동물에 비해 겉질이 발달해 있다. 표면이 쭈글쭈글 주름진 것도 다름 아닌 겉질을 늘리기 위해서다.

우리가 흔히 우뇌가 어떻고 좌뇌가 어떻다고 이야기하듯 대뇌는 오른쪽 반구와 왼쪽 반구로 나뉘어 있다. 둘이 완전히 떨어져 있는 건 아니고 '뇌들보'라는 두꺼운 신경 다발로 이어져 있다. 이곳을 통해 우뇌와 좌뇌가 서로 정보를 전달한다. 뇌들보가 절단돼서 양쪽 뇌가 서로 소통하지 못하는 분리뇌 환자는 우뇌가 지배하는 왼쪽 몸

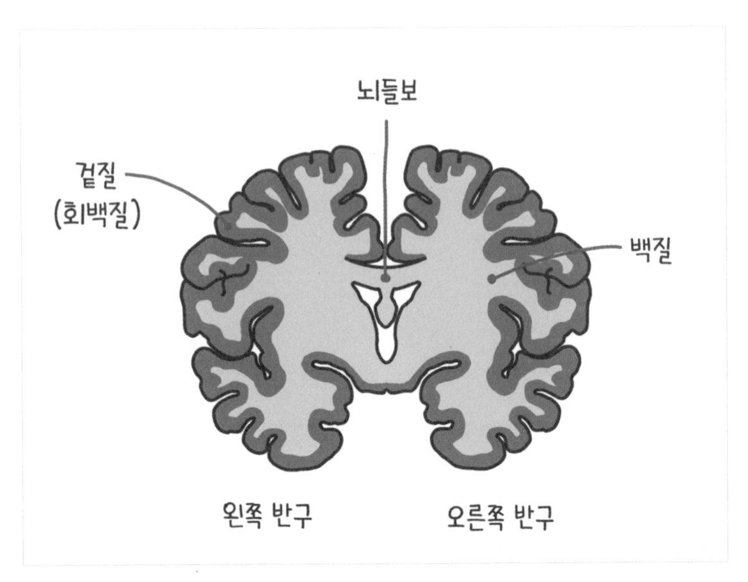

대뇌의 단면도로, 겉쪽은 겉질(회백질), 안쪽은 백질로 이루어져 있다.

과 좌뇌가 지배하는 오른쪽 몸이 따로 노는 현상을 겪는다. 예를 들어 오른손이 애써 잡은 물건을 왼손이 멋대로 쳐내기도 한다. 오른손이 하는 일을 왼손이 모르게 하는 셈이다.

대뇌가 어떻게 생겼는지 가볍게 살펴봤으니 역할에 따라 각 구역을 나눠 보자. 사실 대뇌는 이 영역이 이 일을 하고 저 영역이 저 일을 한다고 칼같이 나눌 수 없다. 부서가 정확히 나뉘어 있다기보다는 전체가 하나 되어 손에 손잡고 일하는 가족 같은 회사라고 할 수 있다. 하지만 그 와중에도 중심 기관은 존재한다. 이 일을 할 땐 얘가 팀장을 맡고 저 일을 할 땐 쟤가 팀장을 맡는다. 이런 의미에서 대뇌를 크게 네 영역으로 나누어 살펴볼 수 있다. 한 가지 일을 한 가지 영역에서만 하는 게 아니듯 한 가지 영역에서 한 가지 일만 하는 것도 아니다. 중요한 기능을 가볍게 소개하겠다.

첫째, 맨 앞에 이마 쪽에는 '이마엽'이 있다. 무려 대뇌 전체의 40% 정도를 차지하며 추론, 판단, 문제 해결, 기억, 감정, 행동 조절, 성격 등 흔히 말하는 고등 정신을 담당한다. 사람에게 중요한 언어 기능 또한 여기서 다룬다.

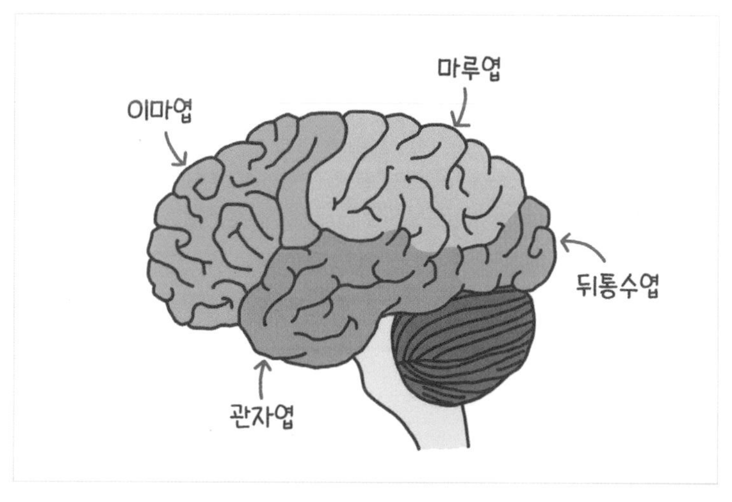

대뇌는 크게 이마엽, 마루엽, 뒤통수엽, 관자엽으로 나뉜다.

둘째, 머리 위쪽에는 '마루엽'이 있다(마루는 꼭대기라는 뜻이다). 이곳에서는 몸의 여러 감각 정보를 인식하고 통합하고 해석한다.

셋째, 뒤쪽에는 '뒤통수엽'이 있다. 시각 정보를 해석하는 중심 기관이다. 눈으로 들어온 시각 정보가 이곳으로 간다.

넷째, 양옆에 관자놀이 쪽에는 '관자엽'이 있다. 귀와 가까운 이곳에서는 청각 기능을 주로 담당한다.

유튜브가
책을 대신할 수 없는 이유

〈비디오가 라디오 스타를 죽였다〉는 1979년 영국 밴드 버글스가 발표한 노래 제목이다. 대중매체의 중심이 라디오에서 TV로 넘어가던 당시 상황을 반영하고 있는 상징성 덕분에 오늘날까지도 회자되는 유명한 노래다.

그리고 반세기가 지난 지금, 이번에는 '유튜브가 비디오 스타를 죽였다.' 대중매체의 중심은 유튜브로 대표되는 동영상 플랫폼으로 넘어가고 있다. 원래 TV는 거실처럼 정해진 공간에서 정해진 시간에 방송국에서 보내 주는 방송을 보는 데 쓰였다. 반면 유튜브는 언제 어디서나 내가 원하는 콘텐츠를 골라 즐길 수 있게 해 준다. 매일 밤 잠들기 전 침대에 누워 손안에서 스마트폰 화면을 쓱쓱 넘기면서 숏폼 콘텐츠를 시청하는 일은 온 인류의 취미 생활로 정착했다.

유튜브가 죽이고 있는 건 TV뿐만이 아니다. 여러분이 지금 읽고 있는 매체인 책 역시 유튜브의 공격에 맥없이 쓰러지고 있다. 이번에는 과거에 TV가 공격해 왔을 때보다 훨씬 더 속수무책으로 당하고 있다. 실제로 최근 10대를 대상으로 설문조사를 한 결과 5명 중 1명은 유튜브 같은 동영상을 보는 것도 독서에 해당한다고 답했다고 한다. 유튜브에 정보가 다 있는데 굳이 뭐 하러 독서를 하냐는 거다.

이 상황을 어떻게 받아들여야 할까? 사실 매체는 항상 진화해 왔다. 이제 책이라는 매체가 하락세에 접어든 걸까? 라디오에서 TV로 옮겨간 것처럼 받아들여야 할 시대의 흐름을 애써 부정하고 있는 걸까?

하지만 연구 결과에 따르면 당분간은 유튜브가 책을 완전히 대체할 일은 없어 보인다. 사람이 영상을 볼 때의 뇌와 책을 읽을 때의 뇌를 살펴본 결과 두 행동에는 확실한 차이점이 있다는 것이 드러났다. 여러 연구 가운데 여기서는 특히 '이마앞겉질'에 관한 연구를 소개하려 한다.

이마앞겉질은 대뇌의 이마엽 중에서도 운동에 관여하는 부분을 제외한 앞쪽 겉질에 해당한다. 집중, 계획, 결정, 추론, 정보 처리, 문제 해결 등 고등 인지 기능을 담당하는 곳이다. 맨 처음에 뇌 삼총사 이야기를 하면서 고등 기능을 담당하는 게 대뇌라고 했는데, 결국 그

중에서도 이마엽 또 그중에서도 이마앞겉질이 고등 기능의 중심이라고 할 수 있다. 이마앞겉질은 뇌 전체를 통제하고 지휘하는 왕 중의 왕이다.

참고로 이마앞겉질은 아직 '전전두피질'이나 '전전두엽피질'이라는 용어로 더 많이 불리고 있다. 하지만 한자어를 우리말로 바꾸는 흐름에 맞춰 이 책에서는 '피질' 대신 '겉질', '전두엽' 대신 '이마엽'이라고 부르고 있으며 같은 맥락에서 '전전두피질' 대신 '이마앞겉질'이라 부르겠다.

다시 연구 내용으로 돌아가 보자. 학자들은 사람들이 똑같은 내용을 영상으로 볼 때와 책으로 읽을 때 이마앞겉질이 얼마나 활발하

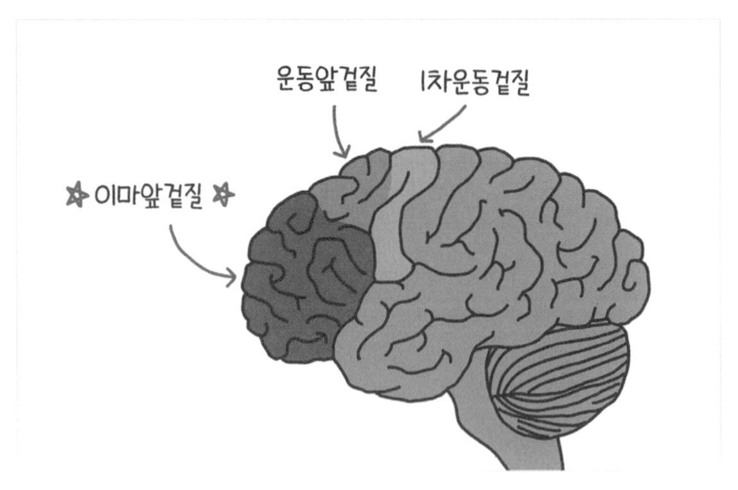

이마앞겉질의 위치다.

게 활동하는지 관찰했다. 놀랍게도 동일한 내용임에도 영상을 볼 때는 이마앞겉질이 별로 활성화하지 않았다. 영상을 볼 때 가장 활발하게 활성화되는 건 바로 시각 정보를 처리하는 뒤통수엽이었다. 극단적으로 말하자면 영상을 시청하면서 멍때리고 있는 거라고 할 수 있다. 각종 정보를 머릿속에 집어넣고 있다고 착각하지만 그 내용에 대해 곰곰이 생각해서 내 것으로 만드는 과정은 활발히 일어나지 않는다.

한편, 책을 읽을 때는 이마앞겉질이 확연히 활성화했다. 비단 이마앞겉질뿐만 아니라 뇌의 모든 영역이 다 함께 활성화하는 경향을 보였다. 이는 독서가 우리가 보유한 다양한 기능을 전부 활용해야 하는 고차원적 행동이라는 뜻이다.

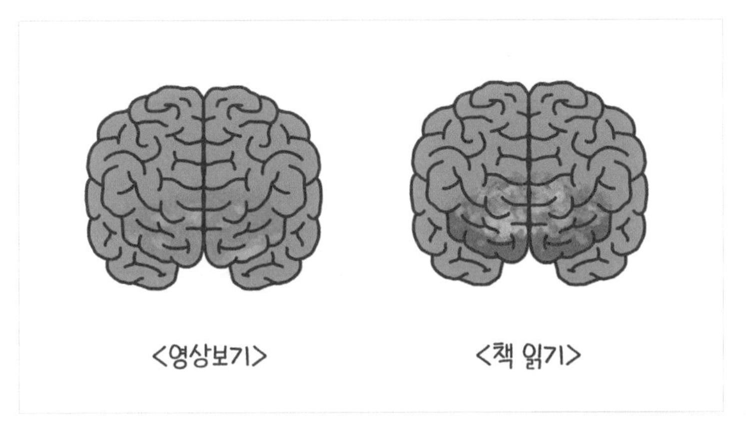

영상을 볼 때는 이마앞겉질이 별로 활성화하지 않지만 책을 읽을 때는 확연히 활성화한다.

사실 뇌의 입장에서 봤을 때 영상을 본다는 건 그렇게 어려운 일이 아니다. 우리는 아주 먼 옛날부터 보는 일을 잘했다. 숲속을 돌아다니면서 먹을 만한 과일이나 풀이 없는지 눈으로 음식을 쫓았다. 근처에 위험한 야수가 도사리고 있는 건 아닌지 긴장 속에 이리저리 두리번거렸다. 오랜 세월에 걸쳐 '본다'는 행위는 우리의 유전자에 본능으로 각인됐다.

하지만 책을 읽는 건 전혀 다른 이야기다. 인류는 약 30만 년 전에 지구에 등장했다. 그리고 우리가 아는 한 최초의 문자는 지금으

우리 뇌는 화려한 영상을 볼 때 소극적으로 행동하고 단조로운 책을 읽을 때 능동적으로 행동한다.

로부터 약 5천 년 전에 만들어졌다. 인류가 지금까지 살아온 기간을 1년이라고 하면, 그중에 문자를 사용한 시간은 약 6일 정도밖에 안 된다. 우리의 뇌는 읽는다는 행위에 그다지 익숙하지 않다.

글은 불편하다. 흰 바탕에 검은색으로만 꼬불꼬불 그어져 있는 형체는 빨간 사과나 주황색 호랑이처럼 한눈에 들어오지 않는다. 뇌가 글을 해석하려면 모든 영역에 불을 켜고 열심히 활동해야 한다. 겉보기에는 가만히 앉아 이따금 손으로 책장만 넘기는 조용한 행동으로 보이지만, 독서는 온갖 고등 인지 기능을 활용해야 하는 활동적이고 적극적인 행위다.

뇌는 무엇으로 이루어져 있을까

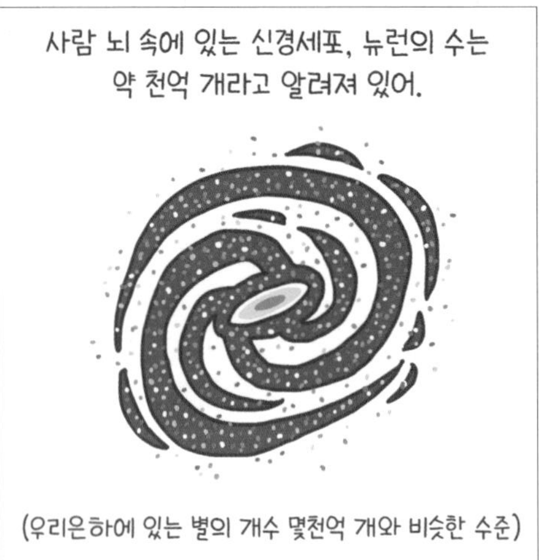

천억 개를 직접 다 셀 수는 없겠지?
작은 뇌 표본을 추출해서 거기 있는
뉴런 개수를 센 다음 추정해야 해.

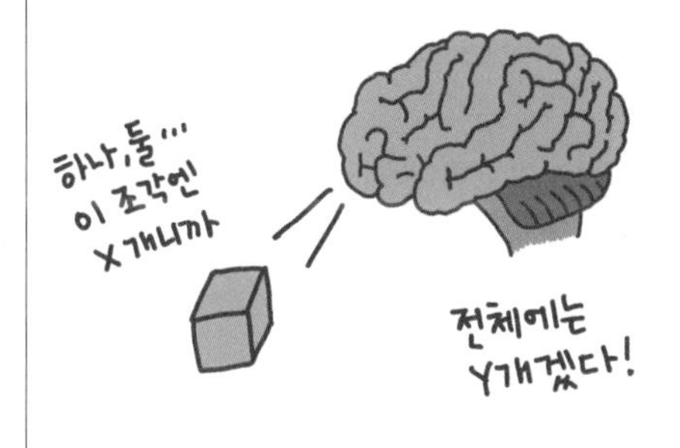

조선 시대 때 이항복의 일화와 비슷하지.
아버지가 곳간에 있는 쌀알을
전부 세놓으라는 벌을 주자,
이항복은 작은 그릇에 있는 쌀알만 센 다음
곱셈을 이용해 뚝딱 추산해냈어.

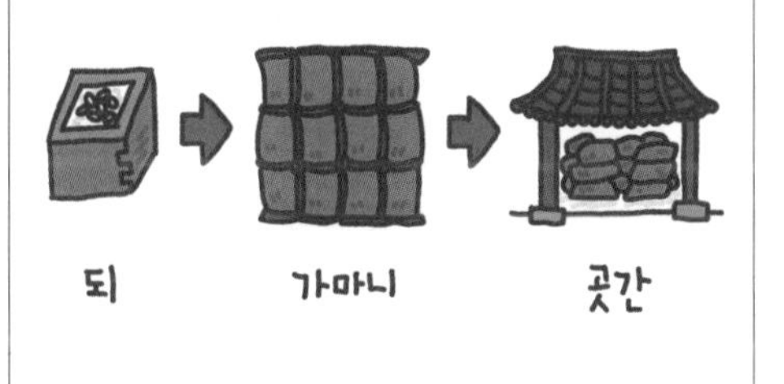

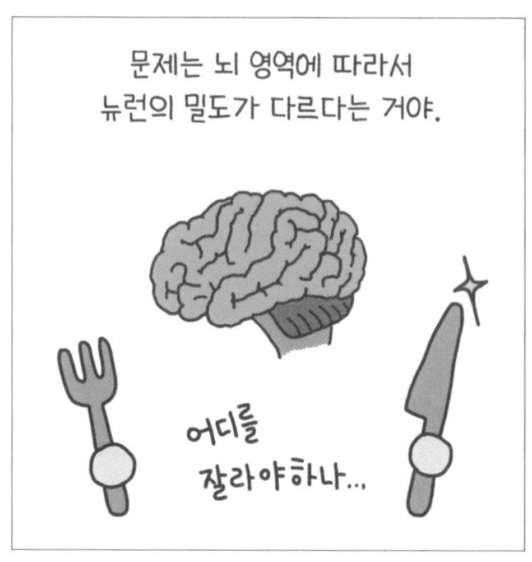
문제는 뇌 영역에 따라서
뉴런의 밀도가 다르다는 거야.
어디를
잘라야하나...

여기서 수자나 허쿨라노 하우즐 박사가
문제를 해결하면서 좀 더 정확한 개수를 세게 돼.

바로 뇌를 으깬 후 세포막을 녹여서
밀도가 균일한 '뇌 수프'를 만든 것!
...예?
칼 말고
숟가락
가져와요
균일

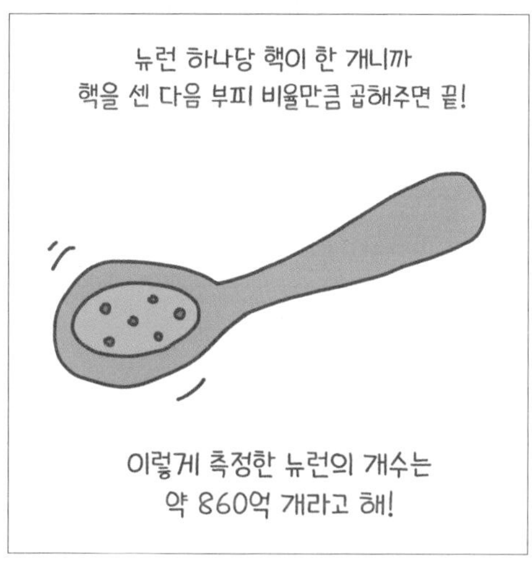
뉴런 하나당 핵이 한 개니까
핵을 센 다음 부피 비율만큼 곱해주면 끝!
이렇게 측정한 뉴런의 개수는
약 860억 개라고 해!

뉴런과 시냅스

과학은 자신이 관찰할 수 있는 범위를 점점 넓혀 왔다. 옛날 사람들에게는 일상생활에서 맨눈으로 볼 수 있는 게 관찰 대상의 전부였다. 하지만 현미경을 발명하면서 점점 더 작은 영역을, 망원경을 발명하면서 점점 더 큰 영역을 볼 수 있게 됐다. 그렇게 인공의 눈을 통해 아래로는 세포, 분자, 원자, 기본 입자까지, 위로는 지구, 태양계, 우리은하, 우주까지 우리가 볼 수 있는 세계가 확장됐다.

뇌 역시 우리가 좀 더 작은 부분을 볼 수 있게 되면서 비로소 훨씬 더 깊이 이해하게 된 존재다. 맨눈으로는 보기 힘든 작은 영역을 들여다보자. 뇌는 무엇으로 이루어져 있을까? 그리고 어떻게 작동하는 걸까?

싱겁게 들릴지도 모르지만 뇌를 구성하고 있는 건 바로 뇌세포다. 뇌세포란 말 그대로 뇌에 있는 세포다. 뇌세포는 크게 두 종류로 나뉘는데 그중 하나가 신경세포 즉 뉴런이다(다른 하나는 신경아교세포인데 이 책에서는 다루지 않는다).

전형적인 뉴런의 생김새는 아이들이 가지고 노는 끈끈이 장난감처럼 생겼다. 손바닥에 손가락이 나 있고 한쪽에 손잡이가 길게 나 있는 장난감을 떠올려 보자. 여기서 손바닥은 세포의 몸, 세포체다. 가장 중요한 세포핵을 포함해 여러 구조가 들어 있는 중심 기관이

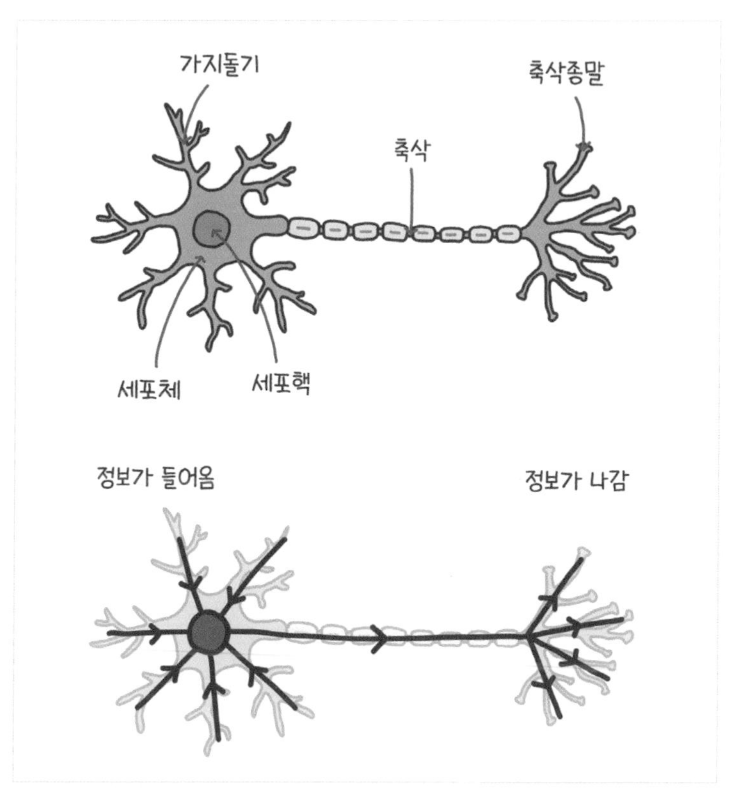

뉴런의 생김새와 정보가 흘러가는 방향을 나타냈다.

다. 손바닥에서 뻗어 나온 손가락은 가지돌기다. 나뭇가지처럼 뻗어 있는 돌기라는 뜻으로, 다른 뉴런에서 오는 정보를 받아들이는 안테나 역할을 한다. 다음으로 굵고 길게 뻗어 나온 손잡이는 축삭이다.

가지돌기에서 받아들인 정보가 이 전선을 타고 전기 신호의 형태로 빠르게 이동한다. 마지막으로 축삭의 끝부분을 축삭종말이라고 한다. 끝에 다다른 정보는 여기서 다음 뉴런으로 전달된다.

그런데 뉴런과 뉴런은 보통 딱 붙어 있지 않고 작은 간격을 두고 떨어져 있다. 이 부분을 시냅스라고 한다. 축삭종말에서 전선이 끝나 버리면 어떻게 전기 신호가 다음 뉴런으로 이동할 수 있을까?

시냅스에서는 전기 신호가 아닌 다른 방법이 필요하다. 정보를 전달하는 입장에 놓인 뉴런은 전기 신호를 화학 물질(신경 전달 물질)

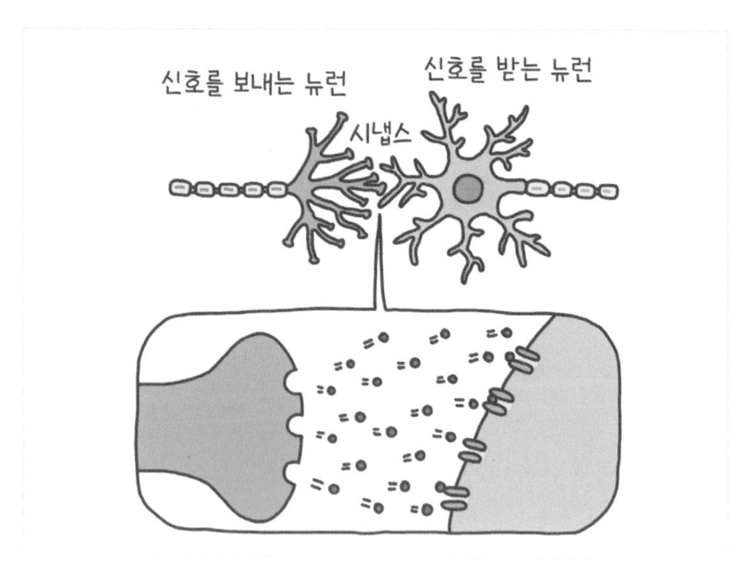

뉴런과 뉴런 사이의 연결을 시냅스라고 한다.

로 바꾼 다음 마치 투수처럼 시냅스 너머로 집어 던진다. 전기 신호 대신 화학 신호를 쓰는 거다. 그러면 정보를 전달받는 입장에 놓인 뉴런은 포수처럼 그 물질을 잡아챈다. 이 화학 신호는 다시 전기 신호로 바뀌어 세포체에 전달된다. 그러고는 축삭을 따라 축삭종말에 도착한 뒤 다시 화학 신호로 바뀌어 또 그다음 뉴런에게 전달된다.

이러한 뉴런과 시냅스 구조는 뇌의 이곳저곳을 연결해서 서로 정보를 전달하고 소통하게 해 주는 중요한 네트워크를 형성한다. 뉴런 하나는 뉴런 하나와만 연결되는 게 아니다. 한 뉴런은 여러 뉴런에게서 정보를 받고 다시 여러 뉴런에게 정보를 전달한다. 우리 뇌에는 뉴런이 대략 1,000억 개 정도 있다. 그리고 뉴런 하나당 다른 뉴런 1,000~10,000개 정도와 연결돼 있다. 즉 우리 뇌 속에 있는 시냅스는 1,000조 개에 달한다. 사람의 능력으로는 상상도 할 수 없을 만큼 복잡한 네트워크다.

뇌로 만든
수프

우리 뇌 속에는 뉴런이 약 1,000억 개 있다고 했다. 그런데 이 개수는 어떻게 알아낸 걸까? 끈기 있는 과학자들이 일일이 1,000억 개를 다 세보기라도 한 걸까? 그건 불가능한 일일 것이다.

조선시대 이항복의 유명한 일화가 있다. 어린 항복은 매일 놀기만 좋아하는 엄청난 말썽꾸러기였다. 진득하게 한 곳에 붙어 있질 못하는 항복 때문에 아버지는 늘 걱정이 태산 같았다. 그러던 어느 날 항복의 태도에 몹시 화가 난 아버지가 항복에게 벌을 주었다. 자신이 외출했다가 돌아올 때까지 곳간에 있는 쌀가마니의 쌀알이 몇 알인지 전부 세어 놓으라는 것이었다. 그런데 이렇게 엄청난 숙제를 받고도 항복은 아버지가 나간 후에도 빈둥거리며 놀기만 했다.

그렇게 한참을 놀던 항복은 문득 하인을 부르더니 쌀 한 가마니만 가져와 달라고 부탁했다. 그러고는 쌀을 되에 가득 담은 뒤 그 안에 있는 쌀알을 셌다. 금세 쌀알을 다 센 항복은 다시 친구들과 놀러 나갔다. 어둑한 저녁 집에 돌아온 아버지는 놀고 있는 항복을 보고 화를 내며 쌀알을 다 세어 놓았냐고 다그쳤다. 그런데 놀기만 하는 것처럼 보였던 항복이 놀랍게도 곳간에 있는 쌀알의 개수를 답하는 게 아닌가?

항복은 곱셈을 알았다. 항복이 센 건 한 되에 들어 있는 쌀알이었지만, 한 가마니가 쌀 40되인 점을 이용하면 한 가마니에 들어 있는 쌀알의 개수를 알 수 있다. 그리고 곳간에 가마니가 몇 개인지 세면, 곳간 전체에 있는 쌀알의 개수를 추정할 수 있는 것이다. 이 일화의 주인이 이항복이 아닌 이문원이라는 이야기도 있고, 쌀이 아니라 콩이라는 이야기도 있다. 벌을 준 사람이 아버지가 아니라 어머니라는 이야기도 있다. 어찌 되었든 중요한 건 항복이 일부만을 측정해서 전체를 추측하는 기본적인 수학 법칙을 적용했다는 점이다.

이렇게 짧은 시간 안에 근사치를 구하는 방법을 '페르미 추정'이라고 한다. 이탈리아의 물리학자 엔리코 페르미가 이 방식으로 시카고에 있는 피아노 조율사의 수를 추정한 일화가 유명하기 때문이다.

그렇다면 뇌에 있는 뉴런의 개수를 셀 때도 페르미 추정을 할 수 있지 않을까? 뇌를 조금만 잘라서 그 안에 있는 뉴런의 개수를 센 다음 뇌의 전체 부피를 곱해 주는 거다.

그런데 이 방법에는 약간의 문제가 있다. 뇌의 어떤 영역에는 뉴런이 촘촘히 모여 있고 또 다른 영역에는 뉴런이 상대적으로 듬성듬성 모여 있기 때문이다. 즉 뇌 영역에 따라 뉴런의 밀도가 달라진다. 예를 들어 뒤통수엽에 있는 시각겉질은 다른 영역보다 뉴런의 밀도가 높다. 따라서 어느 특정 영역을 잘라서 표본으로 삼았을 때 뇌 전체를 대변할 수 없다는 문제가 생긴다.

이에 브라질의 신경과학자 수자나 허큘라노-하우젤이 참신하면서도 약간 섬뜩한 해결책을 내놓았다. 바로 뇌에 있는 세포막을 전부 녹여서 일명 '뇌 수프'를 만든 것이다. 뇌를 수프로 만들면 모든 영역에서 뉴런의 밀도가 균일해진다. 이 뇌 수프에서 표본을 추출한 다음 뉴런의 세포핵을 염색해서 눈에 잘 보이게 한다. 뉴런 하나당 세포핵도 하나이므로 표본 안에 들어 있는 세포핵의 개수를 센 다음

전체 뇌 수프의 부피를 곱해 주면, 뇌 속에 있는 뉴런이 총 몇 개인지 추정할 수 있다.

이렇게 측정한 신경세포의 개수는 약 860억 개라고 한다(신경세포의 개수를 정밀하게 측정하려는 노력은 지금도 계속되고 있다). 뇌의 밀도를 균일하게 만든다는 아이디어는 알고 나면 간단해 보이지만 콜럼버스의 달걀처럼 처음 떠올리기에는 쉽지 않다. 과학자들의 창의력은 언제나 놀랍다.

이 세상은 네트워크

인간은 사회적 동물이다. 우리는 언제나 다른 사람과 소통하고 정신적인 것과 물질적인 것을 함께 나누며 서로에게 영향을 미친다. 조금 전문적인 표현을 쓰자면 우리는 사회연결망(소셜 네트워크)을 이루며 살아가고 있다.

나의 사회연결망을 분석하려면 어떻게 해야 할까? 가장 직관적이고 간단한 건 그림을 그려 보는 거다. 먼저 가운데 나를 동그라미로 그린다. 그리고 그 주변에 내 친구들을 동그라미로 그린다. 친구가 총 7명이라고 하자. 이렇게 나를 포함하여 각 사람을 표현한 8개의 점이 '노드'다. 이제 친구 관계를 표현해 보자. 7명 전부 나와 친

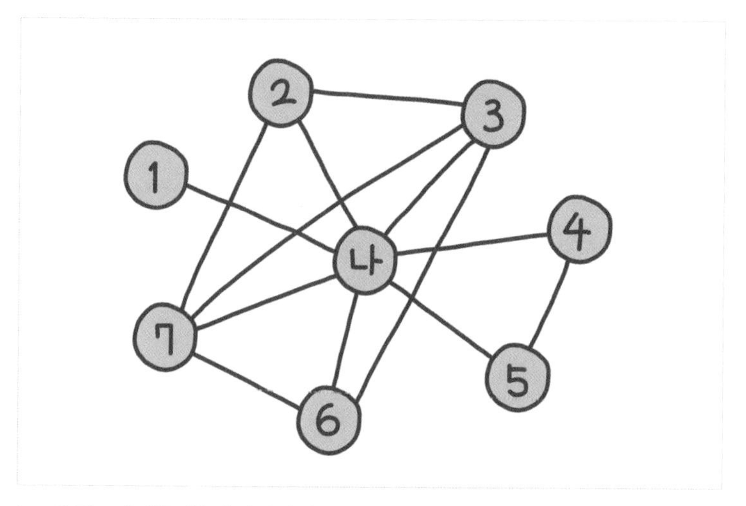

노드와 링크 개념을 이용해 나의 사회연결망을 그려 볼 수 있다.

구이므로, 각각의 동그라미를 나라는 동그라미와 선으로 잇는다. 이렇게 노드와 노드의 연결을 표현한 선이 '링크'다. 다음으로 내 친구끼리는 서로 친구 관계일 수도 있고 아닐 수도 있다. 예를 들어서 1번 친구는 나랑은 친구지만 다른 내 친구들은 하나도 모른다. 대학 동창인 2번 친구는 같은 대학 동창인 3번, 7번과도 친하다. 이런 식으로 친구들 간의 관계를 하나하나 따져서 선으로 연결한다. 그러면 노드와 링크 개념을 이용해 나의 사회연결망을 도식화할 수 있다.

우리의 뇌 역시 뉴런과 뉴런이 시냅스로 이어진 엄청나게 복잡한 네트워크다. 이러한 뇌의 연결망을 생물학적 신경망이라고 한다. 뉴런의 생김새와 정보가 흘러가는 방향을 표시한 125쪽의 그림에서 빨간 동그라미로 표현한 세포체가 노드에 해당한다. 즉 하나의 뉴런이 하나의 노드를 형성하고 시냅스의 연결이 수많은 링크를 형성한다. 참고로 사람의 유전체에 있는 염기쌍 서열을 전부 읽어내는 인간 게놈 프로젝트와 비슷하게 사람의 뇌 속에 있는 뉴런 연결망을 전부 지도로 그려내겠다는 야심 찬 계획인 인간 커넥톰 프로젝트도 활발히 진행되고 있다.

생물학적 신경망에 영감을 얻어 등장한 개념이 바로 인공지능AI에 쓰이는 기술인 인공신경망이다. 인공신경망은 사람의 뇌가 일을 처리하는 방식을 모방해 문제를 해결한다. 원래 우리가 컴퓨터로 문제를 해결하려면 정보를 처리하는 방법 즉 알고리즘을 직접 만들어서 넣어 주어야 한다. 그러면 컴퓨터는 어떤 입력값을 받았을 때 이미 주어진 알고리즘대로 정보를 처리해서 출력값을 내놓는다. 하지만 인공신경망은 알고리즘이 필요 없다. 우리가 입력 데이터와 출력 데이터를 엄청나게 많이 제공하면 컴퓨터가 알아서 알고리즘을 만들어서 그에 따른 결과를 내놓는다. 다시 말해 스스로 방법을 학습하는 거다.

기본적인 형태의 인공신경망은 정보가 들어가는 입력층, 정보가 나오는 출력층 그리고 그사이에 숨어 있는 은닉층으로 이루어져 있

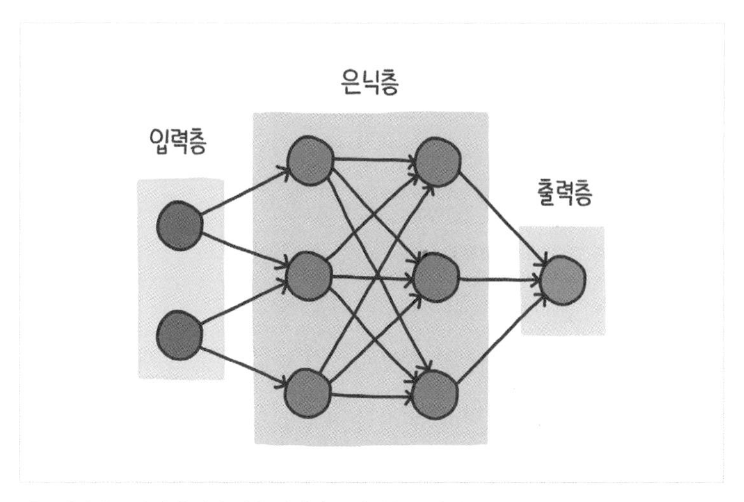

인공신경망은 사람의 뇌가 일을 처리하는 방식을 모방해 문제를 해결한다.

다. 우리는 컴퓨터에게 입력값과 출력값을 제공할 뿐 그 사이 은닉층에서 어떤 노드가 더 중요하고 어떤 노드가 덜 중요한지는 알려 주지 않는다. 컴퓨터가 직접 수많은 계산을 반복하고 수많은 오류를 경험한 끝에 가장 적절한 경로를 찾아낸다. 이렇게 인공신경망이 정보를 처리하는 방식은 바로 우리 뇌 속에서 뉴런이 작동하는 방식과 닮아 있다.

사회연결망과 신경망뿐만이 아니다. 결국 이 세상의 모든 건 서로 연결된 네트워크 안에서 일어나는 상호작용의 결과물이라고 볼 수 있다. 세상의 모든 사건은 사실상 중력, 전자기력, 강한 핵력, 약한 핵력이라는 네 가지 기본 힘 즉 기본 상호작용으로 일어난다. 지구가 우주로 날아가지 않고 태양 주변을 도는 건 중력 덕분이고 우리가 의자를 통과하지 않고 그 위에 앉을 수 있는 건 전자기력 덕분이다. 우리 몸을 구성하는 기본 입자들이 뿔뿔이 흩어지지 않고 뭉쳐 있는 건 강한 핵력 덕분이고 태양이 빛을 내며 지구에 에너지를 공급해 주는 건 약한 핵력 덕분이다. 이러한 상호작용이 없으면 우리는 커녕 우주 자체도 지금과 같은 모습으로 존재할 수 없다. 이 세상을 혼자 살아갈 수 있다는 건 오만한 착각이다.

우리 우주를 엄청나게 커다란 규모에서 바라보면 텅 빈 공간에 드문드문 은하가 있을 거로 생각하기 쉽다. 하지만 은하들은 동떨어져 있지 않다. (주로 암흑물질로 이루어진) 필라멘트라는 실 가닥으로 서로 거미줄처럼 복잡하게 얽혀 있다. 이러한 거대 구조를 '우주망'이라고 한다. 천문학자들과 신경과학자들이 뇌의 신경망과 우주망을 수학적 도구를 활용해 비교한 결과 놀랍게도 둘의 구조가 굉장히 닮아 있다는 사실을 발견했다. 우리의 작은 머릿속부터 거대한 우주까지, 온 세상이 네트워크로 이루어져 있는 것이다.

오싹한 뇌과학

죽은 사람을
살리는 법?
벌떡

18세기 말, 이탈리아 과학자 갈바니와
조교들은 해부 실험을 하다가
우연히 놀라운 발견을 했어.
상상도 못 한 정체

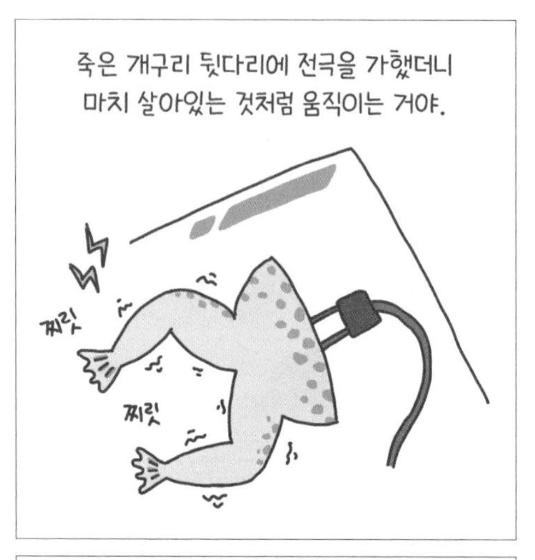
죽은 개구리 뒷다리에 전극을 가했더니
마치 살아있는 것처럼 움직이는 거야.
찌릿
찌릿

갈바니는 동물의 몸 자체에서
전기가 나온다고 생각하고
이를 '동물 전기'라 이름 붙였지.
피카
번쩍

이러한 갈바니의 발견은 곧
죽은 사람에게 전기를 주입하면
되살릴 수 있을 거라는 생각으로 넘어갔어.

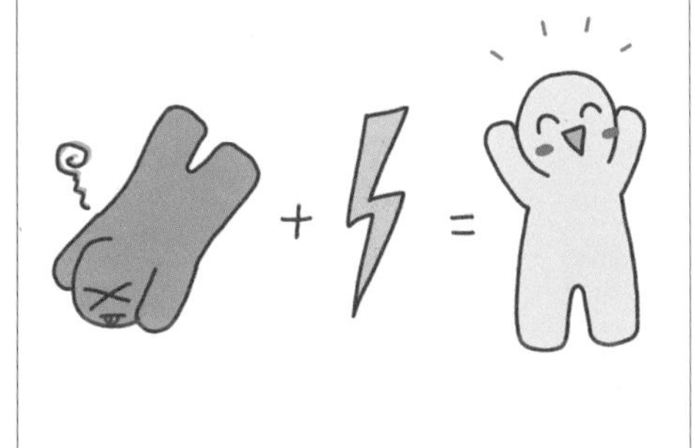

교수형 당한 죄수들의 시체에 전기를 흘려서
살아날 듯이 꿈틀거리는 모습을
사람들 앞에서 공연하고는 했어.

갈바니의 동물 전기 개념은 잘못됐지만,
어떻게 보면 생명이 전기로 움직인다는 게
완전히 틀린 말은 아냐.

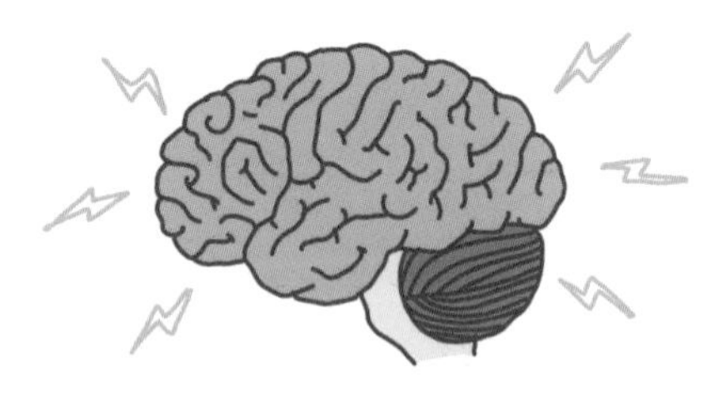

우리의 모든 걸 관장하는 뇌가
다름 아닌 전기 신호로 움직이니까!

죽은 사람을 되살리는 전기

18세기 말, 이탈리아의 물리학자이자 해부학자 루이지 갈바니는 조수들과 해부 실험을 하다가 우연히 놀라운 발견을 했다. 죽은 개구리 뒷다리의 허벅지 근육에 전기 자극을 가하자 마치 살아 있는 것처럼 꿈틀거리며 움직이는 것이었다. 몇 가지 추가 실험을 했지만 결과는 똑같았다. 갈바니는 동물의 몸 자체에서 전기가 나온다고 보고 이를 '동물 전기'라고 이름 붙였다. 그리고 바로 이 동물 전기가 생명체를 유지해 준다고 믿었다.

이러한 갈바니의 발견은 곧 죽은 사람에게 전기를 다시 공급하면 살아나게 할 수도 있을 거라는 생각으로 이어졌다. 갈바니의 조카였던 의사 겸 물리학자 조반니 알디니는 삼촌의 '동물 전기' 이론의 열렬한 옹호자였다. 양, 개, 소, 말 등 다양한 동물의 사체에 전기를 가하는 실험을 진행했다. 알디니는 여기서 그치지 않고 한발 더 나아가 교수형 당한 죄수들의 시체를 구해 실험하기로 마음먹었다. 당시에는 과학이 대중들에게 볼거리를 제공하는 쇼의 성격도 강했기 때문에 이렇게 시체에 전기를 가하는 실험을 많은 사람 앞에서 선보이곤 했다.

알디니의 실험 중 가장 유명한 건 아내와 아이를 살해한 잔인한 사형수 조지 포스터의 시신을 이용한 시연이었다. 포스터의 시체에 전기 자극을 가하자 턱을 덜덜 떨다가 눈을 번쩍 뜨는가 하면, 오른 손을 들더니 주먹을 불끈 쥐기도 하고 또 다리를 마구 버둥거렸다. 마치 조금만 잘 조절하면 정말로 다시 살아날 것만 같았다. 포스터의 시체가 움직이는 모습을 보고 실신하는 사람들도 있었다.

결론적으로 갈바니는 잘못된 주장을 펼친 것으로 밝혀졌지만, 인류 역사상 처음으로 전류와 생명의 관계를 규명하면서 뇌와 신경 연구 분야에 새로운 지평을 열어 주었다. 당시 사람들은 신경의 존재는 알았지만 신경이 하는 일이 무엇인지는 잘 알지 못했다. 그러나 갈바니와 알디니의 오싹한 실험 이후로 다른 과학자들도 추가적인 연구를 진행하면서 조금씩 우리 몸안에서 전기가 하는 역할에 대한 갈피를 잡아가기 시작했다.

사실 갈바니의 개구리는 과학뿐만 아니라 문학 분야에도 크게 기여했다. 1816년 비 오는 어느 음산한 여름날 겨우 19살이던 영국의 메리 셸리는 친구들과 별장에 모여서 무서운 이야기를 하나씩 하기로 했다. 당시 갈바니의 실험은 이탈리아뿐만 아니라 유럽 전역에 널리 퍼져 있었다. 이 실험에서 영감을 얻은 셸리는 시체 조각을 모아 전기를 가해 괴물을 만들어 내는 이야기를 떠올렸고, 이를 토대로 최초의 SF 소설이라고도 평가받는 〈프랑켄슈타인(1818)〉을 세상에 내놓았다. 어떻게 보면 〈프랑켄슈타인(1818)〉에 등장하는 괴물의 아빠는 '개구리'라고 할 수 있다.

<프랑켄슈타인(1818)>에 등장하는 괴물의 아빠는 개구리가 아닐까?

뇌를 잘라 버리는 치료법

영화 〈뻐꾸기 둥지 위로 날아간 새(1975)〉에서 범죄자 맥머피는 교도소에 수감되지만 정신 질환을 앓는 척을 해서 일부러 정신병원으로 들어간다. 교도소에서보다 좀 더 자유롭고 편하게 지낼 수 있을 거로 생각했기 때문이다. 하지만 맥머피의 생각과 달리 정신병원은 굉장히 엄격하고 숨 막히는 곳이었다. 그리고 그 중심에는 환자들을 두려움에 떨게 하는 권위주의적인 간호사 래치드가 있었다. 맥머피는 정신병원의 환자들과 교감하면서 이들이 좀 더 인간답게 살 수 있도록 이끌어 가기 시작하는데, 그 과정에서 규율을 어기고 크고 작은 사건을 일으키며 끊임없이 래치드와 대립한다. 그러던 어느 날, 한 어린 환자가 래치드의 협박에 겁먹어 스스로 삶을 등지는 일이 벌어진다. 이에 분노한 맥머피는 래치드에게 폭력을 행사하고 그 결과 어디론가 강제로 끌려가 뇌수술을 받는다. 다시 병동으로 돌아온 맥머피는 완전히 다른 사람으로 변한 상태였다. 예전의 에너지와 재치는 온데간데없고 멍한 표정으로 축 늘어져 있기만 했다. 살아 있지만 살아 있다고 할 수 없는 상태가 된 것이다.

이 영화에서 맥머피가 받은 수술은 '이마앞엽 절개술'이다. 충격적인 이름 그대로 뇌 앞부분에 있는 이마앞엽이 뇌의 다른 부위와 소통하지 못하도록 연결을 끊어 버리는 수술이다. 영화에서나 등장할 법한 잔인하고 끔찍한 치료법이지만, 실제로 유럽과 미국에서 상상 이상으로 많이 행해지던 수술이다. 어떻게 20세기에 이런 끔찍한 치료법이 유행할 수 있었을까?

이마앞엽 절개술을 처음으로 사람에게 시도한 사람은 포르투갈의 신경학자이자 의사인 안토니우 에가스 모니스다. 모니스는 이마앞엽의 연결을 절단한 침팬지가 온순해졌다는 연구 결과를 접하고, 이 방법을 사람에게 적용하기로 마음먹었다. 두개골에다가 구멍을 뚫고 이마앞엽 쪽에 에탄올을 주사해서 신경을 파괴했다. 수술받은 환자 등은 열이 나고 구토를 하는 등 고통을 호소했다. 심각하게는 기억을 잃고 감정을 조절하지 못하였으며 성격 자체가 변하기도 했다. 그러나 당시 상태가 심각한 정신 질환자를 치료할 마땅한 방법이 없던 상황에서 이마앞엽 절개술은 환자들을 온순하게 하는 획기적인 치료법으로 유럽 전역에 널리 퍼졌다. 심지어 모니스는 공로를 인정받아 1949년에 노벨생리의학상까지 받는다.

이 오싹한 치료법은 곧 미국에서도 행해지기 시작했다. 미국의 의사 제임스 와츠와 월터 프리먼은 좀 더 간편하고 안전한(?) 치료법을 개발했다. 두개골에 구멍을 뚫는 대신 이미 뚫려 있는 눈구멍을 통해 기다란 기구를 조심조심 집어넣어 뇌까지 도달하는 방법이었다. 당시 미국은 전쟁 후유증으로 정신 질환을 앓는 사람들이 넘쳐 났으며 정신병원은 체계적인 치료법도 갖추지 못한 채 언제나 환자들로 득실거리는 상황이었다. 수술실 없이 금방 시행할 수 있는 이 방법의 개발로 미국 전역에서 이마앞엽 절개술을 받는 환자들이 엄청나게 늘어났다. 심지어는 존 F. 캐네디 대통령의 여동생 로즈메리 캐네디도 이 수술을 받았다.

시간이 흐르면서 여러 부작용이 더 명백히 드러나고 심지어는 사망하는 환자들도 발생하자 우려의 목소리가 여기저기서 들려오기 시작했다. 그러다가 1950년에 클로르프로마진이라는 새로운 정신 약물이 개발되면서 정신 질환 치료가 전환점을 맞이했고, 이마앞엽 절개술은 자연스레 역사의 뒤안길로 사라져 갔다. 더 이상 뇌를 자

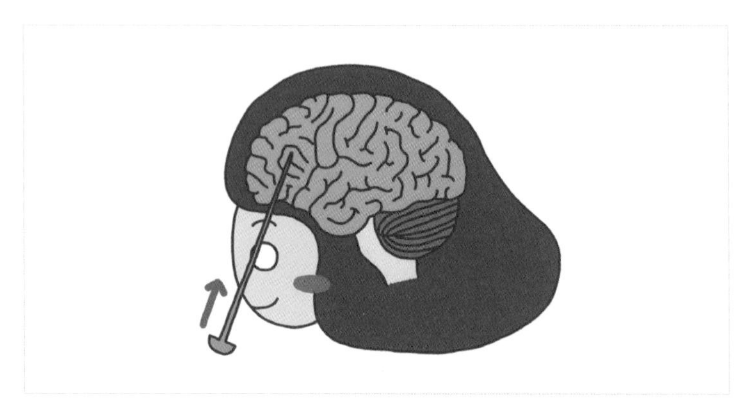

미국에서는 눈구멍을 통해 긴 기구를 정교하게 집어넣어 뇌를 절개하는 좀 더 간편하고 안전한(?) 치료법이 개발됐다.

르지 않아도 된다니 의학의 발전이 얼마나 다행스러운지 모른다.

사이코패스 뇌과학자

뇌 연구가 비약적으로 발전하게 된 건 바로 '기능적 자기 공명 영상 fMRI'이라는 기술의 등장 덕분이었다. 그전까지는 뇌의 각 영역이 어떤 기능을 하는지 알아내려면, 특정 뇌 영역을 다친 사람이 어떤 능력을 잃어 버리는지 일일이 관찰하는 수밖에 없었다. 하지만 fMRI

가 등장하면서 비로소 몸에 아무런 해를 가하지 않고서도 뇌 속을 자세히 들여다볼 수 있게 되었다.

fMRI의 원리는 간단하다. 뇌의 특정 영역이 활동하면 그곳에 있는 뉴런들이 열심히 일하면서 산소를 많이 사용한다. 그러면 부족한 산소를 공급하기 위해 더 많은 혈액이 그 영역으로 흘러 들어간다. 혈액은 산소를 포함하고 있느냐 아니냐에 따라서 자기장에 대한 반응이 달라지기 때문에 뇌에 자기장을 걸어 주면 이러한 혈류 변화를 스캔해서 각 영역의 활동을 확인할 수 있다. 예를 들어 117쪽의 그림에서 이마앞겉질의 활성화 역시 fMRI를 통해 확인할 수 있다.

뇌신경과학자 제임스 팰런 또한 이러한 fMRI 기술로 뇌를 스캔한 사진을 연구하던 중이었다. 팰런은 반사회적 인격장애를 앓고 있는 사람들 즉 사이코패스의 뇌는 일반인의 뇌에 비해 이마엽 등이 활성화하지 않는다는 것을 확인했다. 이러한 연구를 위해서는 연구 대상의 뇌 사진과 비교할 일반인들의 뇌 사진도 필요하다. 일반인들의 뇌 사진을 살펴보던 팰런은 그 안에서 이상한 사진 한 장을 발견했다. 전형적인 사이코패스의 뇌를 보여 주는 사진이었다. 실수로 한 장이 섞여 들어왔다고 생각한 팰런은 곧바로 그 사진의 주인을 확인했다. 그리고 충격적인 사실을 마주했다. 그 사진은 바로 팰런 자신의 뇌 사진이었다.

팰런은 당혹스러웠다. 살면서 살인은커녕 경범죄조차도 저지른

적이 없었다. 행복한 가정에서 자랐으며 또 행복한 가정을 꾸리고 살아가고 있었다. 어떻게 이런 내가 사이코패스의 뇌를 가지고 있단 말인가?

팰런은 주변 사람들에게 이 사실을 알렸다. 그런데 지인들은 놀라기보다는 오히려 "그래서 네가 그렇게 공감 능력이 떨어졌구나"라며 납득하는 듯한 반응을 보이는 게 아닌가. 팰런은 자신의 성격과 성장 과정을 다시 돌아봤다. 확실히 보통 사람들과는 달랐다. 어릴 때부터 심한 장난을 많이 쳤고, 살면서 단 한 번도 죄책감이라는 감정을 느껴본 적이 없었다.

다음으로 팰런은 유전적 요소를 확인하기 위해 자기 뿌리를 되짚어갔다. 그리고 조상들 가운데 끔찍한 살인마가 여럿 있었다는 사실을 알게 되었다. 대표적으로는 유명한 도끼 살인 사건의 주인공인 리지 보든이 팰런의 직계 조상이었다(보든은 아버지와 어머니를 도끼로 살해한 용의자로 지목됐지만 증거 불충분으로 무죄 판결을 받았다. 이 사건은 미국에서 가장 유명한 미제 사건으로 남았다). 결국 팰런은 자신이 사이코패스의 뇌를 보유하고 있다는 사실을 받아들였다.

하지만 이해할 수가 없었다. 팰런은 우리가 일반적으로 생각하는 사이코패스와 달리 사회에 굉장히 잘 적응했다. 아니, 단순히 적응했을 뿐만 아니라 훌륭한 과학자로서 사회에서 성공적인 입지를 다졌다. 왜 다른 사이코패스들은 사회성을 습득하지 못하고 살인마가 되었을까? 팰런과 다른 사이코패스들의 차이점은 도대체 무엇일까?

여기서 팰런은 환경의 중요성에 집중한다. 살인을 저지른 사이코패스들을 살펴본 결과 대부분 어린 시절 가정에서 학대당한 경험이 있었다. 이와 반대로 팰런은 어릴 때부터 부모와 친척의 무한한 사랑을 받으며 긍정적인 경험을 잔뜩 쌓아 왔다. 그 결과 자신감이 넘치고 유쾌한 사람으로 클 수 있었다. 가정환경과 교육이 커다란 차이를 만든 것이다. 원래 팰런은 유전적 요인이 사람의 대부분을 좌우한다고 믿어왔으나 가장 명백한 예외는 다름 아닌 자신이라는 사실을 깨닫는다. 결국 한 사람이 만들어지는 데는 선천적으로 타고난 것만큼이나 후천적인 환경이 중요하다. 심지어는 사이코패스의 운명까지 바꿀 수 있다.

한 사람이 만들어지는 데는 선천적으로 타고난 것만큼이나 후천적인 환경이 중요하다.

수면의 뇌과학

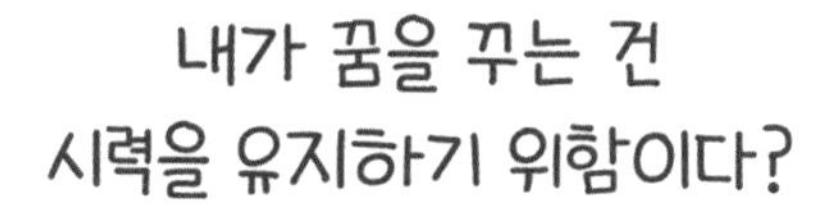

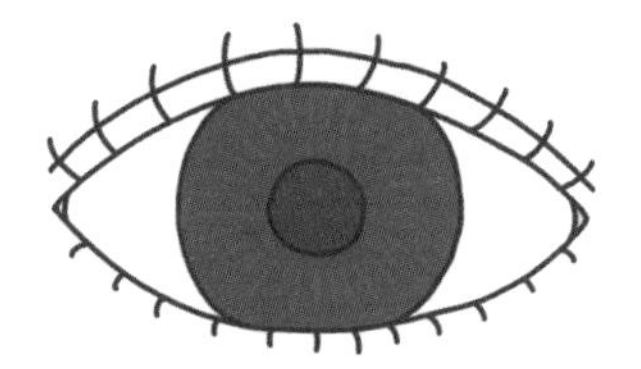

우리가 꿈을 꾸는 이유는 뭘까?
이 질문은 뇌과학 분야의 큰 수수께끼야.
그런데 최근에 흥미로운 주장이 나왔어.

우리 뇌에서 시각 정보를 주로 처리하는 곳은
뒤통수 쪽에 있는 시각겉질인데,

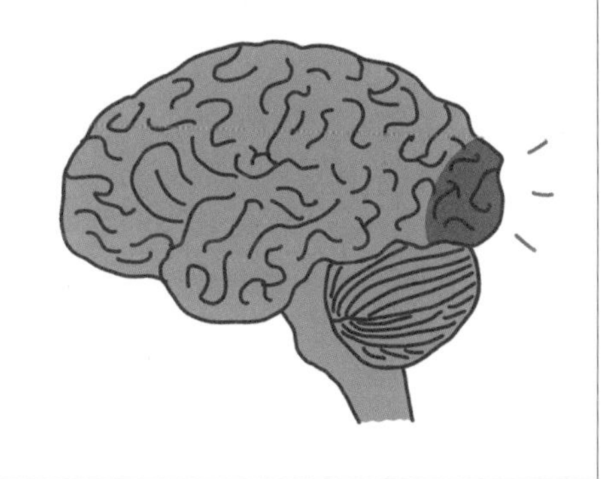

우리가 자는 동안에도
이 시각겉질이 쉬지 않고 일하도록 하는 게
꿈의 목적이라는 거야.

우리 뇌의 특징 중 하나는 가소성이야.
상황에 따라 뉴런의 연결을 바꿔가며
변화하고 적응하는 유연함을 뜻하지.

예를 들어 사고로 눈을 잃으면,
시각겉질은 그냥 노는 게 아니라
시각 정보 대신 청각 정보를 처리하는 등
다른 일을 하기 시작해.

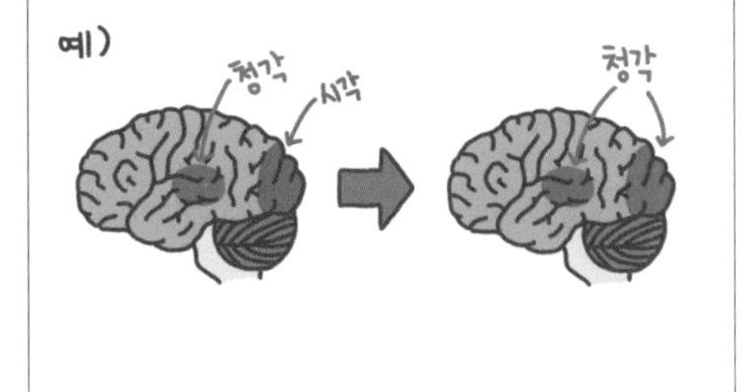

그런데 이런 변화는 생각보다 빠르게 일어나.
한 실험에서 참가자들의 눈을 가리고
활동하게 했더니, 한 시간도 안 돼서
시각겉질이 촉각과 청각에 반응하기 시작했어.

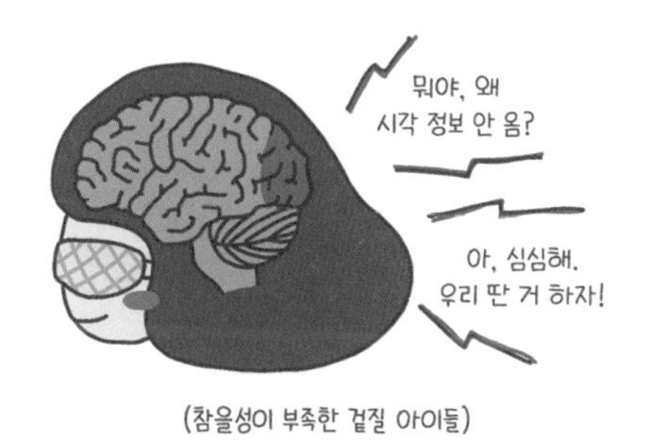

(참을성이 부족한 겉질 아이들)

그래서 우리가 잠을 자는 8시간 동안
시각겉질이 변해 버리지 않도록
가짜 시각 정보가 전달되는데,
이게 바로 꿈의 정체라는 거야!

이것 좀 봐 ㅋㅋㅋ
깨똑
깨똑
이것도!
... 자니?

왜
잠을 자야 할까

우리는 하루에 8시간 정도 잠을 잔다. 하루 24시간 가운데 수면 시간만 거의 3분의 1을 차지한다. 평균 수명인 80세 정도까지 산다고 했을 때 약 27년은 잠만 자면서 보내는 거다. 바쁜 현대 사회를 살아가는 상황에서 잠자는 시간을 줄이고 그 시간에 다른 일을 하면 훨씬 더 알차게 살 수 있을 것 같다. 과거 우리 조상들의 삶을 상상해 봐도 의구심이 든다. 잠을 자는 동안 맹수의 공격을 받을 위험이 있었을 텐데, 생존에 유리하려면 잠을 자지 않는 방향으로 진화해야 하는 것 아니었을까? 도대체 우리는 왜 잠을 자야 할까?

사실 답은 간단하다. 기계가 계속 작동하기만 하면 과부하에 걸리듯이 생명도 계속 활동하기만 하면 과부하에 걸린다. 열심히 활동하는 것만큼이나 제대로 휴식하는 것도 중요하다. 이 세상의 모든 생명은 잠을 자야 살 수 있다.

물론 모든 생명의 잠이 똑같은 모습을 하고 있지는 않다. 돌고래는 포유류이므로 아가미가 아닌 폐로 호흡한다. 그래서 물속을 헤엄쳐 다니다가도 중간중간 숨을 쉬기 위해 수면 위로 올라와야 한다. 우리처럼 오랜 시간 깊은 잠을 자다가는 숨이 막혀 죽고 만다. 그래서 돌고래는 양쪽 대뇌가 번갈아 잠을 자는 독특한 수면법을 사용한다. 오른쪽 뇌가 자는 동안 왼쪽 뇌가 깨어 있고 왼쪽 뇌가 자는 동안

오른쪽 뇌가 깨어 있는 거다. 칼새는 높은 하늘을 날면서 동시에 잠을 잔다. 그 덕분에 무려 10개월 동안 땅에 내려오지 않고 비행할 수 있다. 부지런함의 대명사 일개미들은 하루에 1분가량의 짧은 잠을 250번 정도 자면서 노동력을 착취당한다. 이렇게 일개미들이 하루에 총 4~5시간밖에 자지 못할 때 여왕개미는 하루에 총 9시간에 해당하는 꿀잠을 잔다.

다른 동물보다 성능이 뛰어나고 복잡한 사람의 뇌는 더더욱 잠을 자면서 휴식하고 재정비하는 과정이 필요하다. 낮에 활동하는 동안 뇌에 쌓인 노폐물이 밤에 잠을 자는 동안 비로소 제거되기 때문이

돌고래는 양쪽 대뇌가 번갈아 잠을 자는 독특한 수면법을 사용한다.

다. 낮 동안 열심히 장사하고 나면 다음 날을 위해 매장 문을 닫고 청소하는 시간이 필요한 것과 비슷하다. 뇌에 쌓이는 노폐물 중에 대표적으로 아밀로이드 베타라는 단백질이 있다. 치매의 일종인 알츠하이머병을 일으키는 원인으로 주목받는 물질이다. 쥐를 이용해 실험한 결과 잠을 자지 못한 쥐보다 잠을 푹 잔 쥐의 뇌에서 아밀로이드베타가 더 빠르게 제거되는 것을 확인할 수 있었다.

또 잠을 자는 동안 우리 뇌 속에서는 얽히고설킨 시냅스를 정리하는 과정이 일어난다. 매장에서 매출이 좋았던 상품의 진열장을 더 늘리고 반응이 별로였던 상품은 줄이는 등 전체적인 배치를 정비하는 시간이라고 볼 수 있다. 시냅스가 잘 연결되는 것도 중요하지만 그에 못지않게 시냅스를 잘 끊어 내는 것도 중요하다.

혹시 수학 공부는 초등학교 4학년부터 시작이라는 말을 들어 본 적이 있는가? 이는 과학적으로 일리가 있는 주장이다. 사람의 뇌 발달 과정을 보면 만 10살 이전에는 시냅스가 과도하게 연결되어 있다가 점점 중요한 시냅스를 강화하고 불필요한 시냅스를 쳐내는 과정이 일어난다. 복잡한 수학 문제를 푸는 것처럼 머리를 많이 쓰는 일을 하려면 어느 정도 시냅스가 정리된 성숙한 뇌가 필요하다.

공부를 잘하려면 종일 수업을 듣고 학원만 다니는 게 아니라 혼자 정리하면서 내 걸로 만드는 시간이 필요하다. 뇌 역시 새롭게 받아들인 무수한 정보를 편집하고 저장하는 시간이 필요하다. 그리고 이 작업은 외부와 차단된 상태에서 잠을 자는 동안 이루어진다. 따라서 잘 기억하기 위해서는 잠도 잘 자야 한다. 수능을 앞둔 고3이라고 잠을 줄여가며 공부하다가는 오히려 공부한 내용이 뇌에 저장되지 않고 쉽게 날아가 버릴지도 모른다.

왜 꿈을 꾸는 걸까

우리는 잠을 자는 8시간 내내 푹 자고 일어나지 않는다. 잠에는 단계가 있다. 깊은 잠에 빠졌다가 다시 얕은 잠을 자다가를 주기적으로 반복한다. 맨 처음에 잠에 들면 가벼운 선잠 단계에 들어간다. 이를 1단계라고 한다. 다음으로 2단계, 3단계로 들어가면서 점점 더 깊은 수면 상태로 들어간다. 그리고 마침내 4단계에 들어서면 뇌파가 점점 더 느려지고 진폭이 커지면서 흔히 말하는 숙면을 취하게 된다.

이렇게 1~4단계를 거치고 나면 렘REM수면이 시작된다. 렘수면은 굉장히 얕은 수면 상태다. 렘수면을 하는 동안에는 우리의 눈이 이리저리 빠르게 움직인다. 이때 뇌파는 살짝 깨어 있을 때와 거의 비슷하다. 하지만 몸은 축 늘어져 있다. 한마디로 뇌는 깨어 있고 몸은 자고 있는 것 같은 묘한 상태에 놓인다.

이렇게 1단계부터 렘수면까지 한 바퀴 돌아가는 주기는 대략 90

분에 걸쳐 반복된다. 그래서 이 주기가 다섯 번 정도 반복되고 약 7시간 반 정도를 자고 나면 개운하게 일어날 수 있다고 한다. 깊게 숙면하고 있던 4단계에서 깨어 버리면 몸도 찌뿌둥하고 금방 정신을 차리기가 힘들다.

여러 수면 단계 중에서 우리가 꿈을 꾸는 건 대부분 렘수면 단계에 있을 때다. 그런데 왜 우리는 렘수면 단계를 거치는 걸까? 잠을 자는 건 휴식하는 기간이라고 했는데 그냥 처음부터 끝까지 4단계로 푹 자면 더 좋은 것 아닐까? 왜 굳이 얕은 잠을 자면서 꿈꾸는 일이 발생하는 걸까?

사실 꿈을 꾸는 이유에 대해서는 여러 이론이 제시되고 있으며,

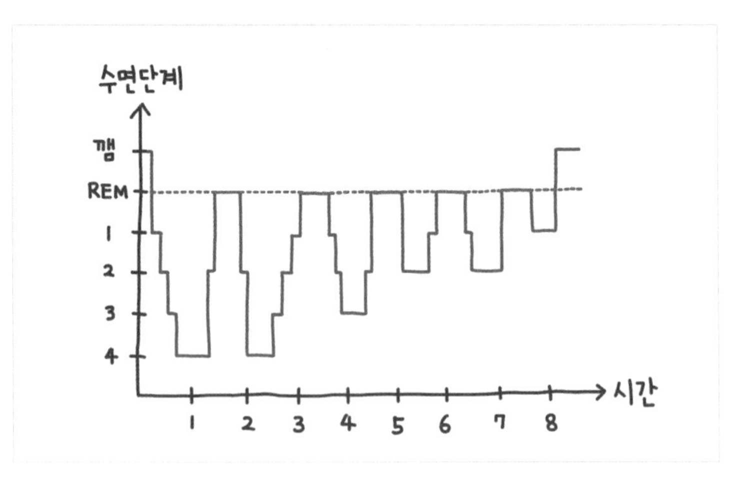

사람은 자는 동안 1~4단계와 렘수면이라는 단계를 주기적으로 반복한다.

렘수면을 하는 동안에는 우리의 눈이 이리저리 빠르게 움직인다.

명쾌하게 결론이 나지는 않았다. 여기서는 크게 두 가지 주장을 살펴보자.

첫째, 꿈은 뇌가 과거를 기억하는 과정에서 만들어지는 부산물이라는 주장이다. 앞에서 이야기한 것처럼 우리가 깨어 있는 동안 뇌에는 엄청나게 방대한 정보가 들어온다. 따라서 우리가 자는 동안 뇌는 이 정보를 정리해서 기억을 만들어 내고 강화한다. 그런데 이 과정에서 일부 정보 조각들이 꿈이라는 형태로 발현한다. 즉 꿈이라는 건 뇌가 정보를 정리하는 과정에서 마구잡이로 다시 재생되는 정보의 찌꺼기라고 할 수 있다.

둘째, 꿈은 뇌가 미래를 준비하는 리허설이라는 주장이다. 앞으로 일어날지도 모르는 위험한 상황에 미리 대비하기 위해서 뇌가 예행연습을 하는 과정이라는 거다. 미리 꿈을 통해 한 번 경험하고 나면 현실에서 예기치 못한 상황이 닥쳤을 때 당황하지 않고 대비할 수 있다.

예를 들어 길을 걷다가 뜬금없이 괴물을 만나서 도망 다니는 꿈을 꿨다고 하자. 말도 안 되는 황당한 꿈을 꿨다고 생각하고 넘겨 버릴 수도 있다. 하지만 나중에 실제로 위험한 사람이나 맹수를 만났을 때 그 자리에서 당황해서 몸이 굳어 버리는 게 아니라 꿈에서 해봤던 것처럼 좀 더 침착하게 행동하는 자산이 되어 줄지도 모른다.

첫 번째 주장에 따르면 꿈은 '과거'에 대한 이야기고, 두 번째 주장에 따르면 꿈은 '미래'에 대한 이야기다. 완전한 결론이 난 것은 아니지만 아마도 꿈의 정체는 두 주장을 포함해 다른 주장들이 조금씩 합쳐진 복합적인 존재일 것이다.

내가 꿈을 꾸는 건 시력을 유지하기 위함이다?

최근에 우리가 꿈을 꾸는 이유에 관한 흥미로운 가설이 등장했다. 바로 우리의 뇌가 어두운 밤 동안에 시각 정보를 처리하는 능력을 잃지 않기 위해서라는 거다. 이게 무슨 뜻일까?

먼저 중요한 개념 하나를 살펴보자. 바로 우리 뇌의 큰 특징 중 하나인 가소성이다. 가소성은 상황에 따라 뉴런의 연결을 바꿔 가면서 변화하고 적응하는 뇌의 유연성을 뜻한다. 사람의 뇌는 처음에 굉장히 불완전한 상태로 세상에 나온다. 그리고 외부 세계를 경험하고 지식을 쌓으면서 이를 토대로 성장해 나간다. 이는 기린 같은 동물과는 대비된다. 기린의 뇌는 거의 완성된 형태로 세상에 나온다. 그래서 기린은 태어난 지 1시간 만에 제 발로 일어서서 걸어 다닌다. 하지만 사람은 그보다 훨씬 오랜 기간 보호자의 양육이 필요하다.

왜 사람은 뇌가 미성숙한 상태로 태어나는 걸까? 서툴고 불완전하다는 단점이 있지만 적응력이 뛰어나다는 장점이 있기 때문이다. 마치 액체가 고체처럼 단단하지는 못하지만 자유롭게 모습을 바꾸며 어느 그릇에나 담길 수 있는 것과 비슷하다. 우리의 뇌는 불완전한 덕분에 살아가면서 환경이 변해도 거기에 잘 맞춰 나간다. 예를 들어 어떤 사람이 사고로 한쪽 팔을 잃으면 그 팔을 조종하던 대뇌 영역은 그냥 띵까띵까 노는 게 아니라 금세 다른 일을 찾아서 하기 시작한다.

한 실험에서는 족제비의 시각겉질과 청각겉질을 반대로 바꾸어 연결했는데 각 겉질이 서로의 역할을 바로 바꾸어 시각겉질이 청각 정보를 처리하고 청각겉질이 시각 정보를 처리하는 걸 확인할 수 있었다. 다시 말해 뇌는 커다란 한 덩어리의 완성품이라기보다는 여러 개의 모듈로 이루어져서 상황에 따라 바꿔 조립할 수 있는 구조에 가깝다. 앞에서 대뇌 각 영역이 하는 일을 간단하게 소개했지만 그러한 역할 분담이 절대적이진 않다는 뜻이다.

다시 시각 정보 이야기로 돌아가 보자. 우리 뇌에서 시각 정보를 주로 처리하는 곳은 뒤통수엽 쪽에 있는 시각겉질이다. 눈으로 들어온 시각 정보는 일단 V1이라 불리는 일차시각겉질에 도달한 후 V2, V3, V4, V5 등 다른 겉질 영역으로 순서대로 전달된다. 본다는 것은 사람에게 가장 중요한 감각이기 때문에 시각겉질은 대뇌에서도 큰 영역을 차지한다.

그런데 방금 이야기한 뇌 가소성 때문에 시각겉질은 밤마다 위기에 놓인다. 촉각, 청각, 미각, 후각은 사실 밤이 된다고 해서 그렇게 큰 영향을 받지 않는다. 하지만 시각은 칠흑같이 캄캄한 어둠 속에 놓인다. 그 결과 시각 정보를 받지 못한 시각겉질은 마치 사고로 눈을 잃기라도 한 것처럼 다른 일을 찾기 시작한다.

이렇게 뇌 영역이 다른 일을 찾아 변화하는 과정은 생각보다 엄청나게 빠르게 일어난다. 한 실험에서 안대로 참가자들의 눈을 가리고 활동하게 한 뒤 뇌가 어떻게 변하는지 지켜보았다. 그랬더니 불과 40~60분 만에 시각겉질이 촉각과 청각에 반응하기 시작하는 게 아닌가? 뇌 영역은 굉장히 참을성이 부족한 금쪽이 같은 아이들이었다. 한 시간도 채 버티지 못하는 이 아이들에게 8시간이라는 인간의 수면 시간은 너무나도 길고 지루한 시간이다.

그래서 우리가 잠을 자는 동안 뇌줄기가 나서서 행동을 취한다. 할 일이 없어진 시각겉질이 딴 데로 눈을 돌리지 않도록 계속해서 가짜 일거리를 무작위로 던져주는 거다. 이 가짜 시각 정보가 바로 꿈의 정체라는 게 지금 소개하는 가설의 주장이다. 뇌의 가소성과 꿈을 연관 지은 흥미로운 이야기다.

마음의 위치를 찾아서

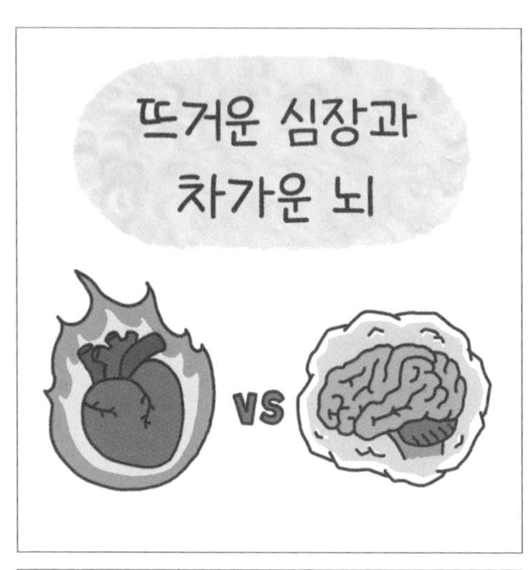

비교적 최근까지도 사람들은
마음의 위치가 뇌냐 심장이냐를 두고
논쟁해 왔어.
오즈의 마법사님,
심장 주세요.
아니요,
두뇌 주세요.
다 필요 없고 집에나 가게 해 주세요.

먼 옛날 고대부터 마음의 위치가
뇌라고 주장한 학자들이 있었지만,
뇌를 따르라!

위대한 철학자 아리스토텔레스가
마음이 심장에 있다고 주장하면서
심장 이론이 주류가 됐지.
정답은 심장입니다!
헹
내 말은 곧 진리

그렇다면 도대체 뇌는 왜 있는 걸까?
얘는 뭐지?

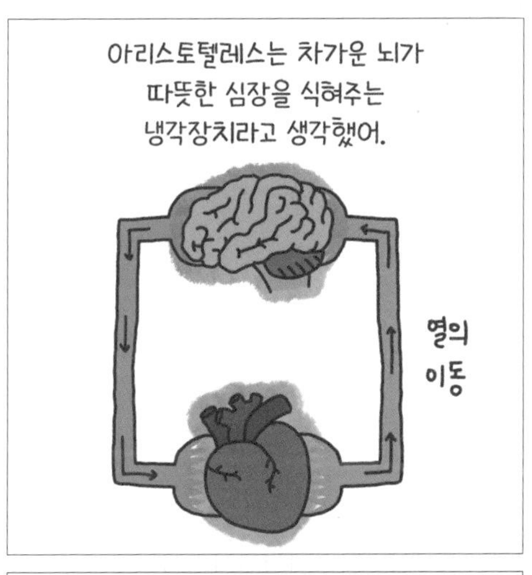
아리스토텔레스는 차가운 뇌가
따뜻한 심장을 식혀주는
냉각장치라고 생각했어.
열의
이동

그래서 심장에서 올라오는 열을
뇌가 제대로 식혀주지 못하면
여러 병에 걸린다고 주장했지.
뇌가 작동을
못 하고 있으니,
수건으로 억지로
열을 식히자!
과학적이진 않지만,
나름의 논리가 있는 재미있는 설명이야.

뜨거운 심장과
차가운 뇌

프랭크 바움의 유명한 소설 〈오즈의 마법사(1900)〉에서 주인공 도로시는 회오리바람에 휩쓸려 오즈의 나라에 떨어지고 만다. 다시 고향으로 돌아가려면 위대한 마법사 오즈에게 부탁하는 수밖에 없다. 오즈를 찾아 나서는 길에 도로시는 허수아비, 양철 나무꾼, 사자를 만난다. 이들은 모두 결핍이 있어서 도로시와 함께 오즈에게 소원을 빌러 떠난다.

소설에서 양철 나무꾼은 심장이 없어서 사랑을 하지 못한다며 슬퍼한다. 그와 반대로 허수아비는 뇌가 없어서 멍청하다며 괴로워한다. 재미있는 건 이 상징이 엄청나게 전형적이라는 거다. 동·서양 할 것 없이 언제나 심장은 감성을 대변하고 뇌는 이성을 대변해 왔다. '가슴이 따뜻한 사람', '뇌가 섹시한 사람' 같은 표현에서 알 수 있듯이 오늘날에도 우리는 심장을 감성의 상징으로, 뇌를 이성의 상징으로 여긴다.

하지만 과학적으로 봤을 때 우리는 이제 이성과 감성이 전부 뇌에 있는다는 것을 알고 있다. 애니메이션 영화 〈인사이드 아웃(2015)〉을 보면 기쁨, 슬픔, 소심, 까칠, 버럭이라는 다섯 가지 감정이 살고 있는 장소는 주인공 라일리의 심장 속이 아니라 바로 머릿속이다. 이성이냐 감성이냐 이분법적으로 구분할 것 없이 우리의 모든 사고와 감정 즉 우리의 마음은 '뇌'에 있다.

마음의 위치가 뇌라는 사실을 우리 인류가 알게 된 건 비교적 최근의 일이다. 과거에는 마음의 위치가 심장이냐 뇌냐 하는 논쟁이 제법 격렬했다. 예를 들어 고대 그리스의 유명한 의학자 알크메온이나 히포크라테스는 마음의 위치가 뇌라는 주장을 펼쳤다. 하지만 과학뿐만 아니라 철학, 종교 등 인류 문화의 모든 분야에 엄청난 영향을 끼친 위대한 철학자 아리스토텔레스는 마음의 위치가 심장이라는 주장을 펼쳤다.

아리스토텔레스의 주장은 다음과 같다. 누구나 사랑에 빠지거나 분노에 휩싸이거나 긴장했을 때 심장이 쿵쿵거리면서 빠르게 뛴 경험이 있을 것이다. 이를 보면 감정과 심장 사이에 어떤 상관관계가 있다는 것이 명백해 보인다. 하지만 우리가 어떠한 감정 상태에 놓이더라도 뇌는 아무런 변화가 없이 그대로다. 뇌와 감정 사이에는 특별한 관계가 성립하지 않는 것처럼 보인다. 아리스토텔레스는 피가 많고 따뜻한 심장이야말로 생명의 원천으로 보았다. 심장이 우리 몸 한가운데에 있는 이유도 바로 모든 감정이 한데 모이는 중심 기관이기 때문이라고 생각했다.

그렇다면 머리를 차지하고 있는 뇌는 도대체 왜 존재하는 걸까? 아리스토텔레스는 뇌가 심장을 보조하면서 균형을 맞춰 주는 기관이라고 생각했다. 뇌는 상대적으로 차갑고 피가 적다. 따라서 심장이 너무 뜨거워지지 않도록 열기를 식혀 주는 차가운 '냉각 기관' 역할을 한다. 사람은 고등생물이기 때문에 다른 생물보다 심장이 더 활발하게 활동한다. 그래서 열을 발산하는 뇌도 다른 생물보다 더 커다랗다. 만약 뇌에 이상이 생겨서 심장에서 올라오는 열을 잘 식혀 주지 못하면 여러 병에 걸린다. 그럴 때는 시원한 물수건을 이마에 올려서 억지로 외부에서 열을 식혀 주기도 한다.

과학적이지는 않지만 나름의 관찰과 추론을 토대로 정립한 재미있는 설명이다. 인류 문화 전반에 걸쳐 아리스토텔레스의 영향력은 워낙 막강했기 때문에 마음의 위치가 심장이라는 이론은 그 이후

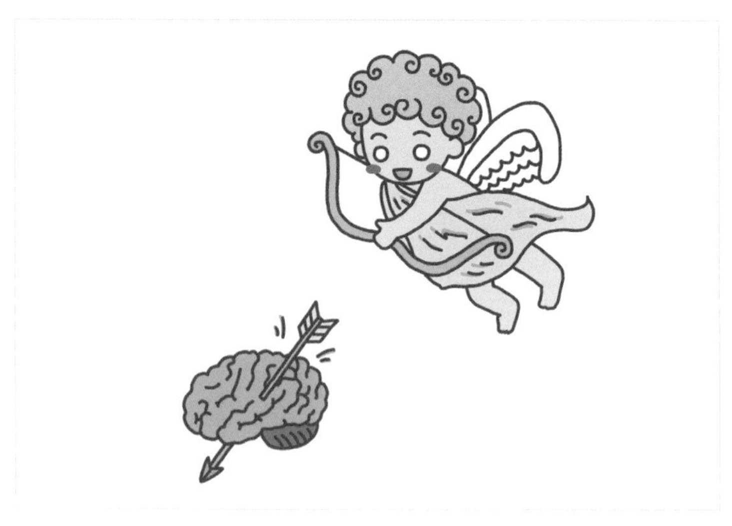

사랑의 신 에로스는 황금 화살을 쏠 때 심장이 아닌 뇌를 노려야 할 것이다.

에도 오랫동안 널리 받아들여졌다. 하지만 이제는 마음의 위치를 바로잡아야 한다. 사랑의 신 에로스는 황금 화살을 쏠 때 '심장'이 아닌 '뇌'를 노려야 할 것이다.

몸안을 흐르는 네 가지 액체

아리스토텔레스와 달리 마음의 위치가 심장이 아니라 뇌라고 주장한 사람들 역시 지금 우리가 바라보는 것처럼 뇌를 바라본 것은 아니었다. 여러 이론 가운데 오늘날까지 언급되는 흥미로운 이론으로 의학의 아버지 히포크라테스의 4체액설이 있다.

히포크라테스는 먼저 우주가 공기, 물, 흙, 불이라는 네 가지 기본 원소로 이루어져 있다는 엠페도클레스의 4원소설을 받아들였다. 이 네 가지 원소는 '뜨겁다', '차갑다', '습하다', '건조하다'라는 성질을 두 가지씩 지니고 있다. 공기는 뜨겁고 습하다. 물은 차갑고 습하다. 흙은 차갑고 건조하다. 불은 뜨겁고 건조하다.

히포크라테스는 이를 토대로 사람의 몸 역시 피, 점액, 흑담즙, 황담즙이라는 네 가지 체액으로 이루어져 있다고 주장했다. 네 가지 기본 원소와 비슷하게 네 가지 체액도 고유의 성질이 있다. 피는 뜨겁고 습하다. 점액은 차갑고 습하다. 흑담즙은 차갑고 건조하다. 황담즙은 뜨겁고 건조하다. 사람이 건강한 상태를 유지하려면 이 네 가지 체액이 서로 균형을 이루고 있어야 한다. 한 체액이 너무 많아져서 균형이 깨지면 병에 걸린다. 그래서 질병을 치료하려면 부족한 체액을 보충할 수 있는 음식을 섭취하거나 과도한 체액을 뽑아내야 한다. 대표적으로 아픈 사람의 몸에서 나쁜 피를 뽑아내는 치료법을 들 수 있다.

4체액설을 신봉하는 사람들은 여기서 한발 더 나아가 체액으로 사람의 체질과 성격까지 판단할 수 있다고 믿었다. MBTI 이전에 혈액형, 혈액형 이전에 먼 옛날 고대에는 4체액설이 있었던 셈이다. 4체액설에 따르면 개개인은 저마다 한 체액이 다른 체액보다 우세하게 태어난다. 그리고 그 우세한 체액에 따라 체질이 달라진다. 피가 많은 사람은 '다혈질'로 구분되는데, 활기차고 외향적인 성격을 띤다. 반대로 점액이 많은 '점액질'의 사람은 소심하고 침착하다. 흑담즙이 우세한 '우울질'의 사람은 우울하고 게으르다. 황담즙이 많은 '신경질'의 사람은 화를 잘 낸다.

또 재미있는 건 각 체액이 몸속에서 각기 다른 기관에서 만들어진다고 보았다는 점이다. 4체액설에 따르면 피는 심장에서, 점액은 뇌에서, 흑담즙은 비장에서, 황담즙은 간에서 만들어진다. 그리고 여기서 히포크라테스는 마음의 위치로 뇌를 선택했다. 뜨거운 심장은 온몸에 온기 또는 생기를 불어넣어 주는 역할을 하고, 차가운 뇌

야말로 우리의 이성이 자리한 곳이라고 보았다.

엠페도클레스에서 히포크라테스로 이어진 4체액설은 이후 로마의 의학자 갈레노스에 의해 한 번 더 정리되고 발전하면서 더욱더 견고히 자리 잡는다. 갈레노스의 저서는 의사들 사이에서 성서나 다름없는 절대적인 영향력을 행사했다. 따라서 4체액설은 고대부터 중세에 이르기까지 거의 천오백 년이라는 긴 시간 동안 의학계의 정설로 자리 잡았다.

지금 살펴보면 4체액설은 아리스토텔레스가 뇌를 냉각 기관이라

4체액설은 사람의 몸이 피, 점액, 황담즙, 흑담즙이라는 네 가지 체액으로 이루어져 있다고 주장한다.

고 주장한 것만큼이나 황당하다. 하지만 고대에는 사람의 질병을 신이 내린 형벌 등으로 여겼다는 점을 고려하자. 4체액설은 질병의 원인을 신이 아니라 몸속에서 찾으려고 논리적으로 시도했다는 점에서 가치 있다.

환원과 창발

환원과 창발

과학자들은 단순한 걸 좋아해.
아름다워…
어머♡
$e^{\pi i}+1=0$
박사가 사랑한 수식
가장 근본적인 건 단순할 거라는
이상한(?) 믿음이 있지.

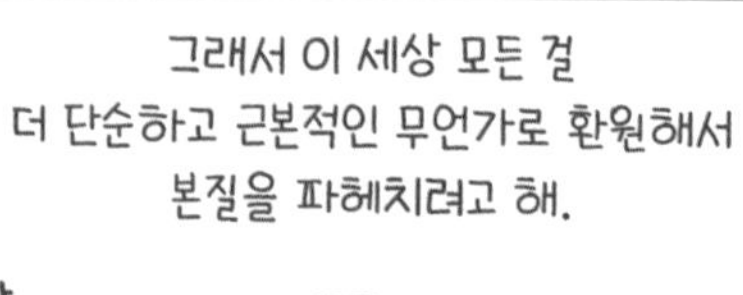

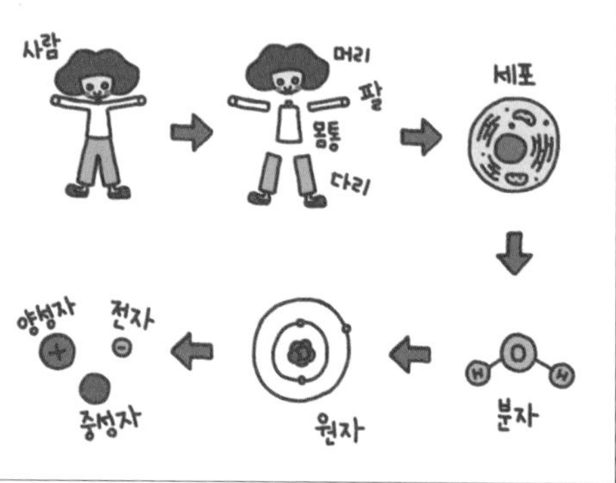

크고 복잡한 걸 더 작고 단순한 것으로
쪼개려는 환원주의는
과학에서 중요한 개념일 수밖에 없어,

(원자론이야말로 환원주의의 결정체)

그리고 이 '환원'의 반대 개념이 '창발'이야.
대표적으로 '살아 움직인다'는 특성을 보자.
나를 몸통, 팔, 다리 등으로 환원하면
사라져 버리는 창발적 속성이지.

특히 뇌과학에서 환원과 창발 개념은 중요해.
과학자들은 우리의 '정신'이나 '마음'이
영혼 같은 데 깃들어 있는 게 아니라,
단지 뇌에 있는 수많은 뉴런과 그 연결이
활동한 결과라는 걸 잘 알고 있어.

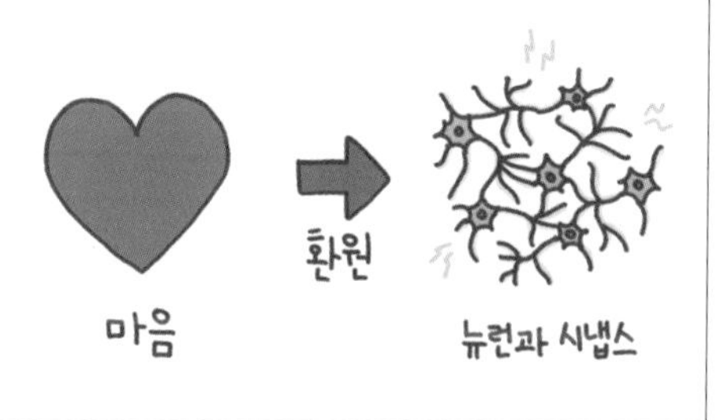

하지만 그 무수한 연결을 전부 이해하고
일일이 지도로 그려낸다고 해서,
우리가 정말 '마음'이라는 무언가를
100% 이해할 수 있을까?

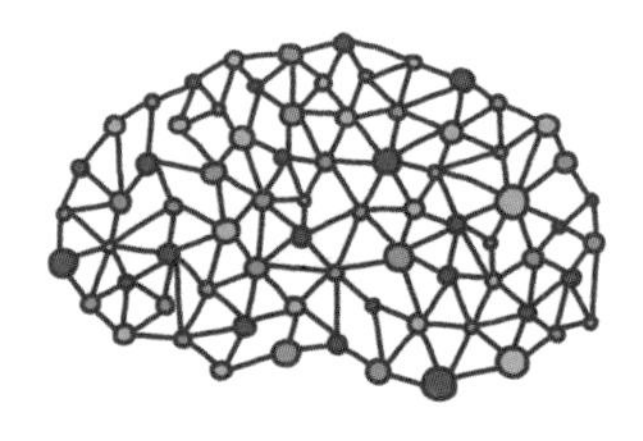

우리의 마음을 이해하려면
환원과 창발을 둘 다 염두에 두고
올바른 과학적 접근법을 찾아가야 할 거야.

레고로 이루어진 세상

세상에서 가장 많은 아이가 가지고 논 장난감을 고르라면 아마 1위는 레고가 아닐까. 1932년 덴마크에서 탄생한 이 플라스틱 블록은 전 세계로 뻗어나가 시대를 불문하고 남녀노소 모두가 사랑하는 장난감이 되었다.

사실 레고는 놀랍도록 단순하다. 단위 부품인 브릭의 생김새는 기본적인 정육면체나 직육면체 정도다. 조금씩 변형이 되기도 하지만 기본 생김새 자체가 엄청나게 다양하지는 않다. 그러나 이 브릭을 조립하면 그야말로 무한한 세상이 펼쳐진다. 세계 각국의 웅장한 건축물부터 영화나 게임 속 캐릭터, 우리가 사랑한 인상주의파 화가의 작품, 심지어는 유럽핵입자물리연구소CERN에 있는 입자검출기까지, 레고가 만들지 못하는 건 없다.

레고의 진정한 매력은 바로 우리의 현실 세계를 그대로 반영하고 있다는 점이다. 아무리 훌륭하고 복잡한 레고 작품일지라도 하나하나 쪼개면 결국 몇 가지의 단순한 기본 브릭으로 돌아간다. 우리가 살고 있는 이 세상 역시 엄청나게 풍요롭고 다양하지만 하나하나 쪼개면 몇 가지 기본적인 구성 입자로 돌아간다.

물을 쪼개면 물 분자가 된다. 물 분자를 쪼개면 산소 원자와 수소 원자가 된다. 원자는 다시 전자와 원자핵으로 나뉜다. 원자핵은 양성자와 중성자로 이루어져 있다. 여기서 마지막으로 양성자와 중성자는 '쿼크'라는 기본 입자로 되어 있다. 우리가 아는 한 쿼크는 더는 쪼갤 수 없는 기본 입자로 세상을 구성하는 레고 브릭이다.

과학자들은 단순한 걸 좋아한다. 이유는 간단하다. 단순한 것은 아름답기 때문이다. 가장 유명한 과학자 아인슈타인 역시 과학의 궁극적인 개념들은 근본적으로 단순하며 보통은 누구나 이해할 수 있는 언어로 표현될 수 있다고 말했다. 모든 것을 가능한 한 단순하게 만들어야 한다고 말했다. 단순하게 설명할 수 없다면 제대로 이해하지 못한 거라고 말했다.

아인슈타인뿐만 아니라 거의 모든 과학자가 가장 근본적인 건 가장 단순할 거라는 막연한 믿음을 지니고 있다. 그래서 세상에 존재하는 네 가지 기본 힘을 단 하나의 힘으로 통일하려고 시도한다. 세상 모든 걸 더 단순하고 근본적인 무언가로 환원하려 하면서 기본 입자를 찾아 나선다. 그렇게 가장 밑바닥에 깔린 세상의 본질을 파헤치려고 한다.

이렇게 크고 복잡한 걸 작고 단순한 것으로 환원하려는 노력을 '환원주의'라고 한다. 물리학은 환원주의적 접근법을 사용하는 대표적인 학문이다. 미국의 물리학자 리처드 파인만은 지구가 멸망하고 다음 세대에게 단 하나의 문장만을 전달할 수 있다면 다음과 같이 말하겠다고 했다.

"이 세상 모든 것은 원자로 이루어져 있다."

그야말로 환원주의를 대표하는 문장이라고 할 수 있다.

환원주의를 열렬히 옹호하는 사람들은 이 개념을 학문과 학문 사이에 적용하려고 시도하기도 한다. 예를 들어 보자. 사회는 결국 개개인이 모여서 만들어 낸 가상의 집단이다. 따라서 한명 한명의 심리를 이해하면 사회적 현상을 이해할 수 있을 것이다. 이런 맥락에서 사회학은 심리학으로 환원할 수 있다.

심리학은 사람의 마음과 행동을 과학적으로 연구하는 학문이다. 그런데 사람은 생물이다. 세포들의 집합이다. 우리의 마음이라는 건 결국 뇌가 활동한 결과물이고 뇌는 수많은 뇌세포로 이루어져 있다. 따라서 심리학은 생물학으로 환원할 수 있다.

세포는 분자들의 집합으로 이루어져 있다. 뇌세포는 서로 화학물질을 주고받으며 소통한다. 따라서 생물학은 분자를 다루는 학문

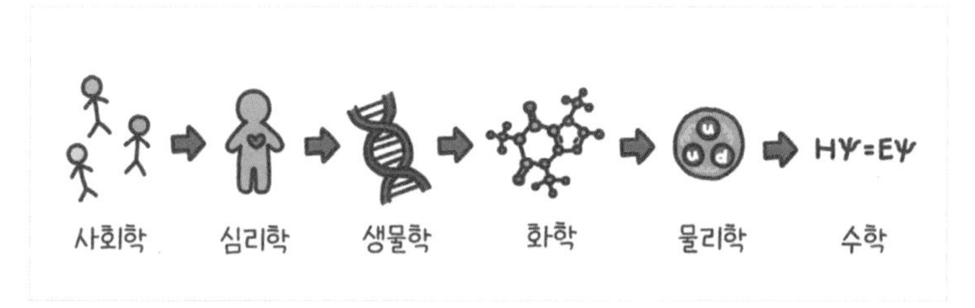

환원주의를 열렬히 옹호하는 사람들은 이 개념을 학문과 학문 사이에 적용하려고 시도하기도 한다.

인 화학으로 환원할 수 있다.

화학은 결국 분자와 원자가 상호작용하는 과정을 다룬다. 그러므로 좀 더 근본적인 관점에서 원자를 설명하는 물리학으로 다시 환원할 수 있다.

궁극적으로 물리학은 많은 현상을 기술하는 과정에서 수학 법칙을 사용하기 때문에 수학으로 환원할 수 있다. 환원주의에 따르면 우리 사회에서 일어나는 일들은 결국 수학을 이용해 설명할 수 있다. 수학이야 말로 가장 근본적인 학문이며 나머지는 그 응용에 지나지 않는다.

1 더하기 1은 2가 아니다

환원주의는 과학이 눈부신 성과를 이루도록 이끌어 준 굉장히 유용한 방법론이다. 복잡하고 거대한 이 세상을 좀 더 단순한 것으로 환원하지 못한다면 세상을 연구하고 이해하는 일은 너무나도 어렵고 힘들 것이다. 모든 것을 기본 입자로 쪼개면서 비로소 우리는 우리가 살고 있는 이 세상의 본질에 대해 훨씬 더 많은 것을 이해할 수 있게 됐다.

하지만 환원주의는 절대 만능이 아니다. 정말로 물이 수소 원자와 산소 원자의 합에 불과한 걸까? 물 분자에는 물 분자만의 성질이 있다. 예를 들면 물 분자는 비열이 높다. 열을 많이 받아도 온도가 잘 변하지 않는다는 뜻이다. 그 덕분에 70%가 물로 이루어진 우리의 몸 또한 외부 환경이 변하더라도 비교적 체온을 일정하게 유지할 수 있다. 또 물은 다양한 물질을 잘 녹이는 용매로 작용한다. 이는 생명체의 화학작용에 필수적이다. 우리가 섭취한 영양분들은 물에 잘 녹기에 우리 몸 여기저기로 흡수된다.

이렇게 지구에서 생명체가 살아가는 데 적합한 물 분자의 성질은 분명 수소 원자와 산소 원자에는 없는 새로운 것이다. 부분과 부분이 모여 전체를 이룰 때 단순히 부분의 합만으로는 설명할 수 없는 새로운 성질이 창발한다.

이렇게 환원주의에 반대되는 개념을 '창발주의'라 한다. 창발을 확인할 수 있는 가장 가까운 예는 바로 살아 움직이고 있는 우리 자신이다. 우리를 머리, 몸통, 팔, 다리로 분리하면 살아 움직이는 속성은 사라진다. 프랑켄슈타인을 창조할 때처럼 신체 조각을 단순히 이어 붙인다고 해서 살아 움직인다는 성질이 다시 돌아오지는 않는다.

앞에서 다루었던 우리의 마음도 마찬가지다. 마음은 심장에 있지 않다. 영혼 같은 데 깃들어 있는 것도 아니다. 마음은 그저 뇌라는 기관에 있는 무수한 뉴런과 그 연결인 시냅스가 활동한 결과물일 뿐이다. 하지만 그렇다고 우리가 뉴런과 시냅스의 활동을 전부 이해하

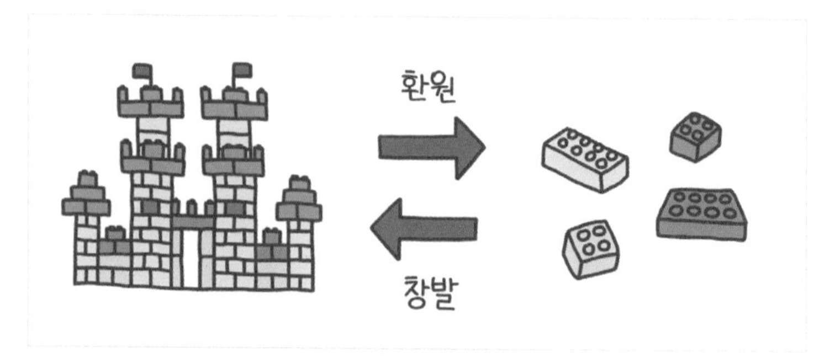

레고는 환원의 예인 동시에 창발의 예로 현실 세계를 그대로 반영하고 있다.

고 인간 커넥톰 프로젝트를 완성해 뇌의 지도를 그려낸다고 하더라도, 그게 우리의 마음에 대해 모든 것을 설명해 줄 수 있을까? 순수하게 신경과학의 언어로만 마음을 오롯이 풀어낼 수 있을까? 1 더하기 1은 단순히 2가 아니다. 1만을 연구해서는 2를 알아낼 수 없다. 마음은 분명 신경 활동만으로는 설명할 수 없는 창발적 속성이다.

그렇다고 해서 인간 커넥톰 프로젝트 같은 과학자들의 노력이 전부 무의미하냐고 묻는다면 그건 전혀 아니다. 인간 커넥톰 프로젝트가 완성되고 나면 분명 우리는 마음에 대해 지금보다 훨씬 더 많은 것을 이해하게 될 것이다. 아마 지금과는 전혀 다른 새로운 눈을 뜨게 될지도 모른다. 중요한 건 환원주의와 창발주의 가운데 한쪽만을 지나치게 옹호하는 자세는 위험하다는 점을 인식하는 거다. 우리는 환원과 창발을 둘 다 염두에 두고 올바른 과학적 접근법을 찾아가야 할 것이다.

레고는 환원과 창발이 둘 다 중요하다는 사실을 보여주는 대표적인 예다. 앞에서 말했듯이 복잡하고 거대한 레고 작품은 작고 단순한 브릭으로 환원할 수 있다. 하지만 반대로 레고 브릭으로 작품을 만들면 새로운 속성이 창발한다는 것도 알 수 있다. 레고로 만든 성은 외부로부터 내부를 보호하는 역할을 하고 고유의 아름다움과 웅장함을 자랑한다. 브릭 하나하나에는 없었던 속성이다.

한 학문을 다른 학문으로 환원하려는 시도는 창발의 중요성을 간과한다. 오히려 우리는 학문과 학문을 서로 연결하려고 시도해야 한다. 과학뿐만 아니라 인문학 분야도 한데 어우러져 다 함께 소통하면 각각의 분야가 도달하지 못한 새로운 수준의 지성이 창발할 수 있다. 인간의 마음이라는 정의조차 확실히 내리기 어려운 개념을 제대로 이해하려면, 이렇게 다양한 분야가 합쳐져 창발한 새로운 통찰이 필요하지 않을까.

생명에 대하여

#생명은 어디에서 왔을까 #전곡리 주먹도끼, 세계를 발칵 뒤집다
#미시간호를 습격한 괴물 #6차 대멸종 #유전자가 뭔데
#유전자 가위로 유전자를 어떻게 자를까

생명은 어디에서 왔을까

지구 최초의 생명은
어디에서 왔을까

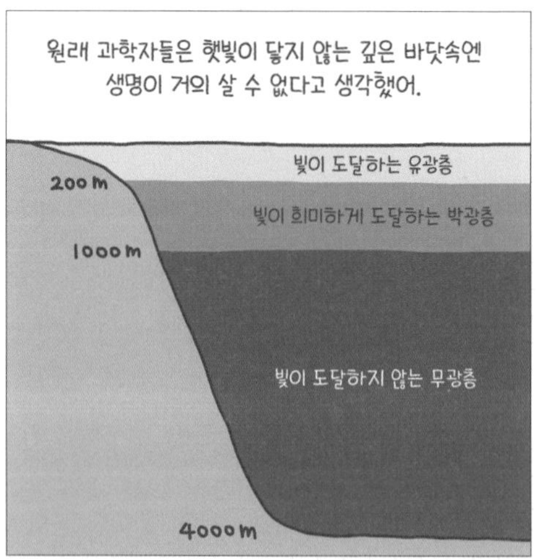
원래 과학자들은 햇빛이 닿지 않는 깊은 바닷속엔
생명이 거의 살 수 없다고 생각했어.
빛이 도달하는 유광층
200m
빛이 희미하게 도달하는 박광층
1000m
빛이 도달하지 않는 무광층
4000m

생명이 살아가는 데 필요한 에너지가
태양에서 오기 때문이야.
내가 태양에너지로
광합성 해서
너희 다 먹여 살리고
있는 거라고.
식물 가장

그런데 1977년에 심해탐사선 앨빈호가
수심 2,700m 해저에서 놀라운 광경을 마주했어.
아니
이건!

굴뚝 같은 구멍에서 뜨거운 물이 연기처럼
솟구쳐 오르고 있었던 거야.
그리고 그 주변에 다양한 생물이 살고 있었지.
두
둥

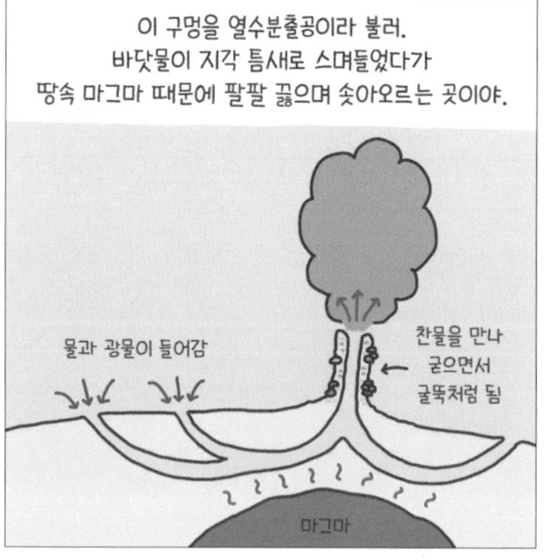
이 구멍을 열수분출공이라 불러.
바닷물이 지각 틈새로 스며들었다가
땅속 마그마 때문에 팔팔 끓으며 솟아오르는 곳이야.
물과 광물이 들어감
찬물을 만나
굳으면서
굴뚝처럼 됨
마그마

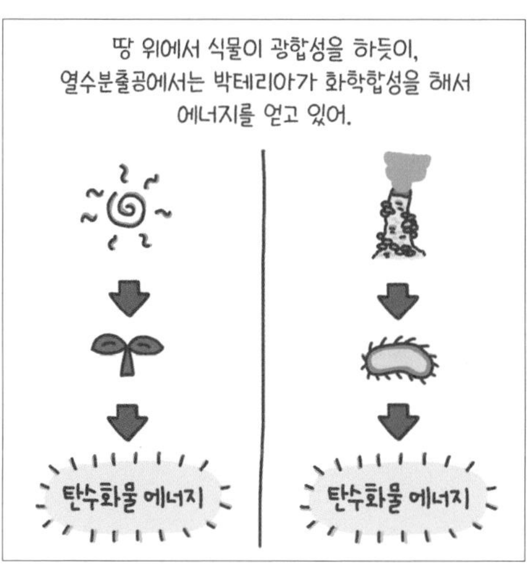
땅 위에서 식물이 광합성을 하듯이,
열수분출공에서는 박테리아가 화학합성을 해서
에너지를 얻고 있어.
탄수화물 에너지
탄수화물 에너지

햇빛도 없고, 수압도 높고, 온도도 높은 척박한 환경은
초기 지구의 모습을 떠오르게 하지.
그래서 과학자들은 바로 이 열수분출공이
생명이 처음 탄생한 곳이라고 추측하고 있어.
나는야
바닷속 태양

깊은 바닷속에
떠오른 태양

'열 길 물속은 알아도 한 길 사람 속은 모른다'는 속담이 있다. 깊은 물속에서 어떤 일이 일어나는지 알아내는 것보다 사람의 마음을 알아내기가 더 힘들다는 뜻이다. 한 길은 평범한 사람의 키 정도 되는 길이라고 한다. 그러니 열 길 물속은 대략 수심 20m 정도가 될 것이다.

그렇다면 열 길이 아니라 백 길, 천 길 물속은 어떨까? 해수면부터 수심 200m 정도까지는 생물이 광합성을 할 수 있을 만큼 충분한 햇빛이 투과한다. 여기까지를 빛이 존재하는 층이라는 뜻으로 '유광층'이라고 부른다. 그보다 더 내려가면 깊은 바다, 심해가 시작된다. 수심 200m부터 1,000m까지는 광합성은 할 수 없지만 햇빛이 희미하게 존재하는 '박광층'이다. 수심 1,000m보다 더 깊은 곳은 빛이 아예 도달하지 못하는 완전한 어둠의 바다 '무광층'이다.

바다의 평균 깊이는 수심 4,000m이고, 가장 깊은 곳으로 알려진 마리아나 해구의 챌린저 해연은 수심 10,000m가 넘는다. 어떻게 보면 우리는 머나먼 깊은 우주보다 우리가 발을 딛고 선 지구의 바다에 대해 더 모른다. 일단 무언가 관찰하려면 빛을 활용해야 하는데, 공허한 우주와 달리 깊은 바닷속은 두터운 물의 장벽이 가로막고 있다. 게다가 심해에 들어가면 엄청난 물의 무게가 짓누르기에 땅 위에 있을 때보다 수백 배나 센 압력을 버텨야 한다. 지금까지 달에 가

본 사람보다 심해에 가 본 사람이 더 적다.

원래 과학자들은 이러한 심해에는 생물이 거의 없을 거로 생각했다. 우리의 에너지원은 하늘에 떠서 온 지구를 환하게 비춰 주고 있는 태양이다. 식물은 광합성을 통해 태양에너지를 자신에게 필요한 영양분으로 바꾼다. 그러면 초식동물은 식물을 섭취해 영양분을 얻는다. 그 초식동물을 잡아먹는 육식동물이 있고, 또 그 육식동물을 잡아먹는 최상위 포식자가 있다. 이러한 먹이 사슬 안에서 영양분이 전달되면서 전체 생태계가 유지된다. 그래서 햇빛이 도달하지 않는 심해에는 생물이 잘 살 수 없을 거로 생각한 것이다.

하지만 1977년, 심해탐사선 엘빈호가 수심 2,700m의 해저에서 놀라운 광경을 마주하게 된다. 아무것도 없을 거로 생각한 해저에 굴뚝처럼 생긴 구멍이 솟아 있었고, 그 안에서 뜨거운 물이 연기처럼 뿜어져 나오고 있었으며 주변에는 홍합 같은 생물이 다닥다닥 붙어 있었다. 심해 '열수분출공'의 발견이었다. 이후 추가 탐사에서 문어, 새우, 게, 불가사리, 관벌레, 물고기 등 다양한 심해 생물들이 열수분출공 주변에서 삶을 영위하고 있다는 사실이 확인됐다.

열수분출공이란 바닷물과 광물이 해저 지각 틈새로 스며들었다가 땅속 마그마로 인해 뜨겁게 데워져서 다시 솟구쳐 오르는 곳이다. 이때 바닷물에 녹아 있던 광물이 다시 찬물을 만나 굳으면서 굴뚝같은 모양을 형성한다. 그런데 도대체 열수분출공의 비밀이 무엇이기에 그 주변에 생물이 살 수 있는 걸까?

답은 바로 열수분출공에서 뿜어져 나오는 풍부한 황화수소에 있다. 심해에 사는 박테리아들은 황화수소를 이용해 탄수화물 에너지를 만든다. 땅 위에 사는 식물이 광합성을 하듯이 박테리아는 화학합성으로 생태계의 기반이 되는 첫 영양분을 합성하는 것이다. 그 덕분에 다양한 심해 생물이 암흑의 바다에서도 살아갈 수 있다. 다시 말해 열수분출공은 깊은 바닷속에서 에너지원을 공급하는 '태양'인 셈이다.

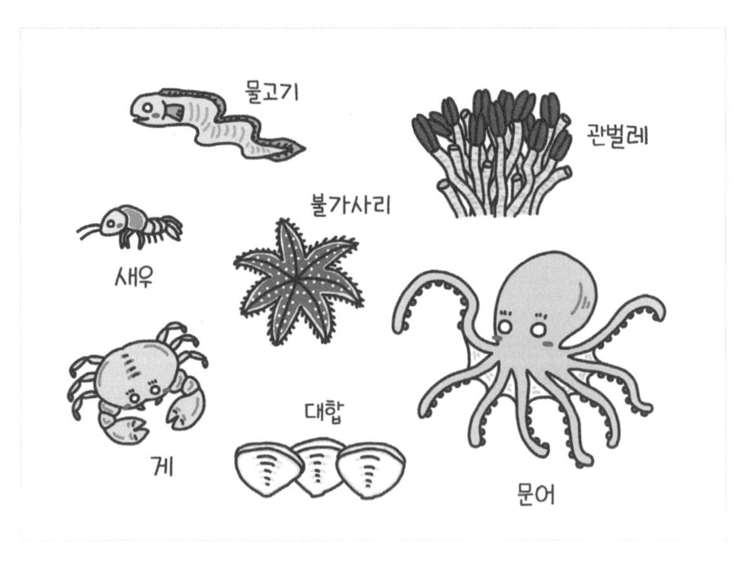

열수분출공 덕분에 다양한 생물이 심해에서도 에너지를 얻고 살아간다.

열수분출공에는 두 종류가 있다. 하나는 400℃ 정도의 뜨거운 산성물을 검은 연기의 형태로 내뿜는 블랙스모커다. 또 하나는 330℃ 미만의 알칼리성 물을 흰 연기의 형태로 내뿜는 화이트스모커다. 과학자들은 이 둘 가운데 지구 최초의 생명이 태어난 곳으로 적합한 환경을 지닌 화이트스모커를 주목하고 있다. 오늘날 지구에는 블랙스모커가 더 많지만, 과거에는 지구에 화이트스모커도 많았을 것으로 추측된다.

대서양 한가운데에는 이렇게 희귀한 화이트스모커가 많이 모여 있는 흥미로운 지역이 있다. 과학자들은 이 지역에 '잃어버린 도시'라는 시적인 이름을 붙여 주었다. 햇빛도 없고, 수압도 높고, 온도도 높은 척박한 환경. 우리가 알지 못하는 천 길 물속 그곳의 잃어버린 도시가 정말 우리의 고향인 걸까?

모든 생물의 공통 조상

우리가 생명에 대해 이야기할 때 빼놓을 수 없는 사람이 있다. 바로 생물학자인 찰스 다윈이다. 다윈은 1831년부터 1836년까지 영국의 해군함 비글호를 타고 세계 곳곳을 탐사하면서 동식물을 관찰하고 표본을 수집했다.

다윈이 탐사한 곳 중에는 남아메리카 대륙에서 서쪽으로 1,000km 정도 떨어진 동태평양에 있는 19개의 섬 갈라파고스 제도도 있었다. 육지와 고립된 이 섬들에는 대형 거북이나 바다이구아나 같은 독특한 생물이 고유한 생태계를 이루고 있다. 다윈은 이곳에서 다양한 종류의 새 표본을 수집했다. 탐사 당시에는 이 새들을 그렇게까지 중요하게 여기지 않았다.

하지만 영국의 조류학자 존 굴드가 다윈이 수집해 온 표본을 확인한 결과 놀라운 사실이 드러났다. 다양한 모습을 한 새들이 서로 전혀 다른 종이 아니라 전부 한 종의 핀치새에서 갈라져 나온 근연종이었다. 이 '다윈의 핀치'들은 각 섬의 환경에 따라 10종이 넘는 다양한 형태로 진화했다.

다윈의 핀치들로, 환경에 따라 각기 다른 모습으로 진화했다.

예를 들어 큰땅핀치는 큰 씨앗을 잘 깨 먹을 수 있는 크고 뭉툭한 부리를 갖고 있다. 작은나무핀치는 나무 속 곤충을 잡아먹을 수 있는 작고 단단한 부리를 갖고 있다. 선인장핀치는 뾰족뾰족한 가시를 피해 선인장을 파먹을 수 있도록 기다란 부리를 갖고 있다.

다윈은 이러한 현상을 바탕으로 진화론을 정립하고 1859년 《종의 기원》을 발표했다. 다윈의 핀치처럼 지구상의 모든 생물은 주변 환경에 적응하면서 변화를 축적해 나간다. 적합한 것은 살아남고 그렇지 못한 것은 사라진다. 그렇게 다양한 종이 생겨난다.

지금에야 굉장히 익숙하고 당연한 이야기처럼 들리지만 당시만 해도 이러한 주장은 어마어마한 파장을 일으켰다. 당시 사람들은 신이 모든 생물을 창조했다는 창조론을 믿고 있었다. 다윈의 이야기는 인류 역사상 패러다임을 가장 크게 뒤집어 버렸다.

다윈의 주장에 따라 거대한 생명의 나무에서 사방으로 뻗어 있는 가지들을 거꾸로 거슬러 올라가다 보면 모든 생명이 처음에 하나의 기둥에서 갈라져 나왔다는 결론에 다다르게 된다. 형제자매라고는 상상도 할 수 없는 각양각색의 생물들이 정말 단 하나의 조상에서 나온 걸까?

모든 생물의 공통 조상, 루카는 2000년대 초반까지만 해도 가상의 존재에 불과했다. 하지만 과학이 발전하고 유전자 분석이 가능해지면서 점점 그 실체가 구체화되고 있다.

오늘날 생물은 크게 진핵생물, 세균, 고세균으로 나뉜다. 처음에 과학자들은 단순히 이 모든 생물에 공통으로 들어 있는 유전자를 찾아내면 루카의 정체를 알 수 있을 거로 생각했다. 하지만 공통분모를 골라내 추측할 수 있는 루카의 유전자는 몇십 개밖에 없었다. 오랜 진화 과정을 거치면서 확실한 추적이 어려워졌기 때문이다.

그러다가 2016년 하인리히하이네뒤셀도르프대학교의 윌리엄 마틴 교수와 연구팀이 새로운 가설을 세우고 빅데이터를 활용해 루카의 유전자 약 355개를 선별했다. 그리고 그 가운데 294개의 유전자가 어떤 기능을 하는지 유추해 냈다.

과연 루카는 어떤 존재였을까? 294개의 유전자 정보에 따르면 루카는 산소를 무척 싫어하는 원핵생물(핵이 없는 단세포 생물)로, 이산화탄소를 환원해 자신에게 필요한 유기물을 직접 만들었다. 그리고 고온의 환경에서 금속 촉매의 도움을 받아 생명 활동을 이어갔다.

참고로 이러한 환경은 앞에서 이야기한 화이트스모커 열수분출공과 잘 맞아떨어진다. 아직 결론을 내리기에는 섣부르지만 최초의 생명에 대한 퍼즐들이 조금씩 맞춰져 가는 느낌이다.

한 가지 헷갈리면 안 되는 개념이 있다. 루카는 지금 현존하는 모든 생물의 공통 조상이지만 지구 최초의 생명체는 아니다. 초기 지구는 그야말로 지옥이었다. 불안정한 지각에서는 용암이 들끓고 하늘에서는 운석이 떨어졌다. 이러한 척박한 환경에서 기적처럼 생명

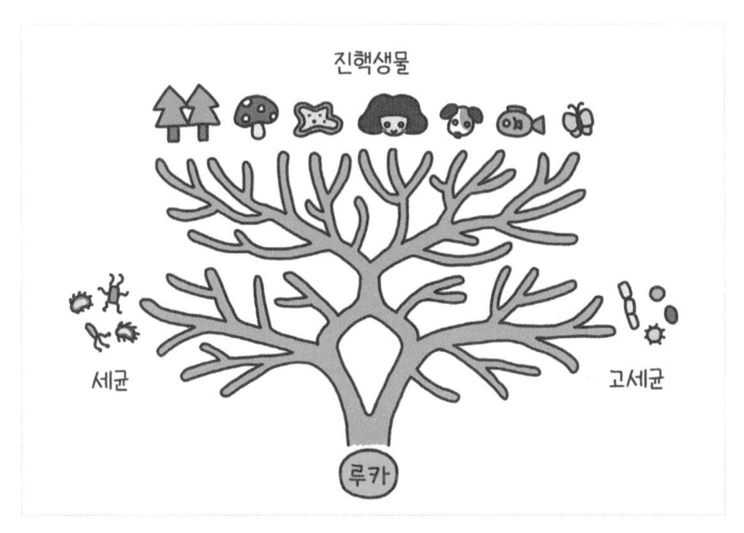

생명의 나무다. 오늘날 지구에 살고 있는 모든 생물은 공통 조상 루카로부터 갈라져 나온 것으로 보인다.

이 탄생했다가 다시 멸종하는 일이 여러 번 일어났을 것이다. 그러다가 어느 시점에서 루카가 생겨났다. 루카는 살아남아 진화했으며 오늘날 온 지구에 경이롭고 찬란한 생명의 뿌리를 내렸다.

《종의 기원》의 마지막 문단에 나오는 유명한 문장이 떠오른다.

"생명에 대한 이런 시각에는 장엄함이 깃들어 있다."

캄브리아기 대폭발은 폭발이 아니다?

약 40억 년 전 지구에 최초의 생명이 생겨났다. 이 작고 나약한 생명체는 다양하고 복잡하게 진화해 오늘날 우리가 살고 있는 풍요로운 지구 생태계를 형성했다. 물론 진화는 완성형이 아니라 현재진행형이므로 지구의 모습은 앞으로도 계속 바뀔 것이다.

지구의 역사 내내 생물계는 크고 작은 변화를 겪어 왔다. 그리고 그 흔적은 화석이라는 형태로 지구의 일기장 위에 차곡차곡 쌓여 왔다. 과학자들은 이 기록을 들춰내어 지질시대를 구분하는 데 사용한다.

전문가가 아닌 이상 모든 지질시대를 달달 외우는 건 어렵겠지만, 아마 '캄브리아기 대폭발'이라는 표현은 들어본 적 있을 것이다. 약 5억 4,100만 년 전 캄브리아기에 들어서면서 지구상의 생물이 폭발적으로 증가한 사건이다. 이 사건이 어찌나 중요한지 지질시대를 크게 둘로 나누는 기준이 될 정도다(지구의 탄생부터 캄브리아기 이전까지를 '선캄브리아 시대'라 부르고, 캄브리아기부터 현재까지를 '현생누대'라 부른다).

캄브리아는 웨일스의 라틴어 표기다. 19세기 초 영국 케임브리지대학교의 지질학 교수 애덤 세지윅이 웨일스 지방의 지층을 조사하면서 붙인 이름이다. 이 지역의 지층에는 이상한 점이 있었다. 마치 누군가가 선을 그어놓은 것처럼 특정 지층을 기점으로 위쪽에서는 화석이 많이 발견됐지만, 아래쪽에서는 화석이 거의 발견되지 않았다. 과거 어느 특정 시점에 생물이 갑자기 폭발적으로 늘어났다는 뜻이었다. 세지윅은 이 시점을 캄브리아기의 시작으로 잡았다.

이상한 점은 또 있었다. 위쪽에 있는 캄브리아기 지층에는 특히 삼엽충 화석이 많았는데, 삼엽충은 신체 구조가 상당히 복잡하다. 머리, 몸통, 꼬리도 구분이 돼 있고, 심지어는 눈도 있다. 갑자기 이런 복잡한 생물이 뽕! 하고 세상에 나타날 수 있을까? 느릿느릿한 진화의 과정을 보여 주는 이전 화석들은 어디 있는 걸까? 당시 이 문제는 다윈을 몹시 괴롭혔고, 진화론을 반대하는 사람들에게 좋은 먹잇감이 됐다.

하지만 1900년대 중반에 들어서면서 상황이 달라졌다. 캄브리아기보다 오래된 지층에서도 화석 증거들이 나오기 시작한 것이다. 오스트레일리아의 에디아카라 구릉 지대를 포함해 세계 곳곳에서 캄브리아기 이전에 살던 다양한 크기와 형태의 화석들이 발견됐다. 이에 따라 캄브리아기 직전 시기를 '에디아카라기(6억 3,500만 년 전~5억 4,000만 년 전)'라고 이름 붙이고, 이 시기의 생물들을 '에디아카라 생물군'이라 부른다. 에디아카라 생물군은 대부분 해파리처럼 골격이 없고 부드러운 몸체를 가지고 있다. 특수한 상황이 아니고서는 화석이 되기 힘들 수밖에 없었다. 에디아카라기가 끝나갈 무렵부터는 작은껍질동물군이라는 화석도 발견되기 시작했다. 말 그대로 껍질을 지닌 작은 동물들이 등장한 것이다.

이러한 캄브리아기 이전 화석들이 의미하는 바는 무엇일까? 확실한 연결고리는 없지만, 지구상에는 에디아카라 생물군처럼 부드러운 생물들만 살다가 작은껍질동물군처럼 껍질을 만들어 내는 생물들이 등장하고, 결국 삼엽충처럼 단단한 골격을 가진 생물들이 생겨났다고 추측할 수 있다.

말랑말랑한 생물은 보통 지구 위에 흔적을 남기지 못하고 사라진다. 반면 딱딱한 골격이 있는 생물은 화석이라는 형태로 오늘날까지 살아남아 우리 앞에 모습을 드러낸다. 화석이 우리에게 주는 정보는

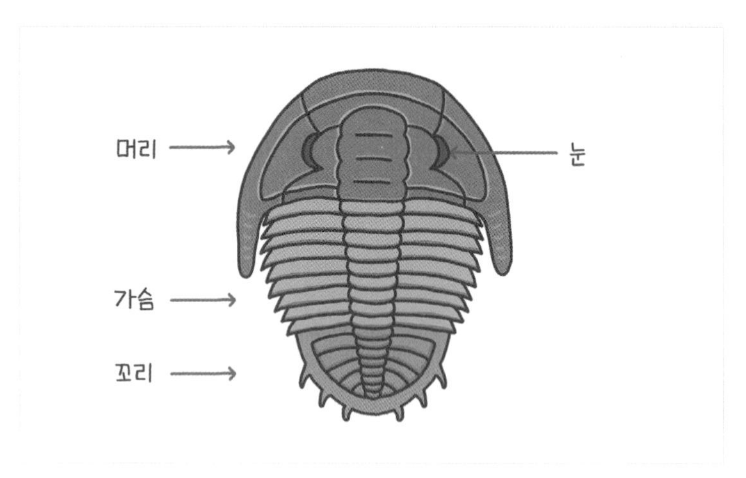

삼엽충의 생김새는 갑자기 등장한 생명체라기에는 너무 복잡하다.

과거를 그대로 재현해 주지 않는다. 다시 말해 캄브리아기 대폭발은 현재 남아 있는 화석만으로 판단한 것만큼 갑작스러운 대폭발은 아니었다.

시간을 거슬러 머나먼 과거를 들여다보는 데에는 언제나 한계가 있다. 오랜 시간을 버텨내고 우리에게 도달한 정보는 한쪽으로만 쏠려 있을 확률이 매우 높다. 예를 들어 오늘날 가장 오래된 예술작품인 동굴 벽화는 언제나 동굴 깊숙한 곳에서 발견된다. 그래서 학자들은 동굴 벽화가 종교적인 의미를 지녔다고 추측하곤 한다. 실제로 거주하던 공간이 아니라 일부러 신성한 장소를 찾아와 그렸을 만큼 종교적 의식과 연관이 있거나 특별한 의미가 담겨 있다는 것이다(물론 동굴이라는 위치만으로 추측하는 건 아니다).

하지만 당시 우리 조상들은 깊은 동굴 속뿐만 아니라 집 근처에 솟아 있는 바위에도, 과일을 따 먹던 나무 위에도, 강가에 있는 모래 위에도 전부 그림을 그리지 않았을까? 단지 나머지 모든 그림은 햇빛에, 바람에, 강물에 사라져 버리고 깊은 동굴 속 그림만 지금까지 보존된 건 아닐까? 우리는 신중하고 조심스럽게 사라진 것들을 채워 나가야 한다. 뼈밖에 남아 있지 않은 앙상한 과거에 알맞은 살을 붙여 줘야 한다.

전곡리 주먹도끼, 세계를 발칵 뒤집다

보통 사람이면 그냥 지나쳤을지도 모르지만,
마침 고고학을 전공한 보웬은
프랑스의 유명한 고고학자에게 편지를 보내.
어머! 저건!
심상치 않아

확인 결과 이 돌이 아슐리안 석기로 밝혀지면서,
전 세계 고고학계가 발칵 뒤집혀.
뭐?
뭐?
뭐?
뭐?

아슐리안 석기는
올도완 석기 이후에 등장한 석기야.

올도완 석기
(약 260만 년 전)

아슐리안 석기
(약 170만 년 전)

원래 유럽, 아프리카와 달리 동아시아에서는
아슐리안 석기가 하나도 나오지 않았어.
그래서 인도 동부를 기준으로 서쪽은 주먹도끼 문화권,
동쪽은 찍개 문화권으로 분류했지.

이렇게 분류한 걸 모비우스 학설이라고 해.
은연중에 유럽이 동아시아보다
문화적, 인종적으로 더 우월하다고 암시하고 있어.

그런데 우리나라 전곡리에서 주먹도끼가 발견되면서
당시 정설이던 모비우스 학설이 완전히 뒤집힌거야.

이후 중국 등 다른 동아시아 지역에서도 출토되면서
주먹도끼가 전 세계에서 쓰였다는 게 밝혀졌어.

인류,
도구를 사용하다

약 600만 년에서 700만 년 전 진화의 나무에서 자라나던 가지 하나가 인류의 조상과 침팬지로 갈라졌다. 그 후 인류의 조상은 오스트랄로피테쿠스, 호모 하빌리스 등 다양한 모습으로 진화해 나갔다. 그리고 약 30만 년 전 지금 우리의 모습을 한 현대 인류 호모 사피엔스가 지구상에 등장했다.

세상에는 인류보다 튼튼하고 강한 동물이 많다. 이전 시대에 지구를 지배했던 공룡과 비교해 봐도 인류의 생김새는 영 초라하다. 인간은 나약한 존재다. 그런 우리가 어떻게 세계 구석구석으로 뻗어나가 지구의 주인공이 될 수 있었을까?

인류의 중요한 특징 중 하나는 도구를 사용한다는 점이다. 도구 사용은 인류만의 특징은 아니다. 다른 종도 도구를 만들고 사용한다. 침팬지는 나뭇가지를 낚싯대로 써서 흰개미를 잡아먹는다. 해달은 가슴 위에 돌을 올려놓고 그 위에서 딱딱한 조개를 깨 먹는다. 코코넛문어는 코코넛 열매껍질을 이동식 집처럼 사용하면서 그 안에 몸을 숨긴다. 하지만 인류가 도구를 제작하고 사용하는 복잡하고 정교한 기술은 분명 다른 종과 구별된다. 인류는 체계적으로 돌을 깨서 도구를 만들기 시작했다. 날카로운 발톱도 뿔도 이빨도 없었지만, 우리는 돌을 손에 움켜쥐고 살아남았다.

지금까지 발견된 석기 가운데 가장 오래된 건 무려 330만 년 전에 제작됐다. 2011년 케냐의 '로메크위 3'라는 고고학 유적지에서 일부러 깨부숴 만든 석기가 발견됐다. 하지만 그 주변에 화석이나 동물 뼈가 발견되지 않아서 누가 어떻게 사용했는지 알아내기가 어렵고, 아직도 활발한 토론이 진행되고 있다.

260만 년 전부터는 올도완 석기 문화가 시작됐다. 처음 출토된 탄자니아의 올두바이 협곡에서 이름을 따왔다. 대표적인 올도완 석기는 돌로 돌을 때려서 한쪽 끝을 날카롭게 깎아낸 찍개다. 동물 가죽을 벗겨 내고, 살을 발라 내고, 토막 내는 등 다양한 작업에 두루 쓰인 것으로 보인다.

약 100만 년 뒤인 176만 년 전부터는 한 단계 발전한 아슐리안 석기 문화가 시작됐다. 처음 대량 출토된 프랑스의 생 아슐에서 이름을 따왔다. 대표적인 아슐리안 석기는 주먹도끼다. 초기에는 커다란 모룻돌에다가 돌을 내리쳐서 만들었고, 나중에는 나무망치로 가장자리를 더 날카롭고 깨끗하게 다듬었다. 올도완 석기와 비교하면 더 정교하고 대칭적이며 모습이 다양하다.

이후로도 인류의 석기는 계속해서 발전해 나가지만, 여기서는 올도완 석기와 아슐리안 석기에 관한 흥미로운 사건 하나를 소개하고자 한다. 오랫동안 아슐리안 석기는 인도 서쪽의 유럽과 아프리카에서만 발견됐고, 동아시아 지역에서는 올도완 석기만 발견됐다.

이에 1940년대 미국의 고고학자 핼럼 모비우스는 서구권과 동아시아권의 구석기 문화가 서로 계통이 다르다고 주장하며 지구 위에 모비우스 라인이라는 경계선을 그었다. 은연중에 서양 문화권이 동양 문화권보다 문화적, 인종적으로 우월하다는 믿음을 담고 있는 가설이었다.

하지만 1970년대 후반 전 세계 고고학계를 발칵 뒤집는 사건이 대한민국에서 일어났다. 주한 미공군 하사관으로 근무하던 그렉 보웬이 연천 전곡리 한탄강 유원지에서 여자 친구와 데이트를 하던 중 특이하게 생긴 돌을 발견한 것이다. 보통 사람이라면 지나쳤을지도 모르지만, 마침 고고학을 전공했던 보웬은 이를 눈여겨보고 나중에 다시 현장을 찾아 확인했다. 그리고 보고서를 작성해 프랑스의 고고학자에게 보냈다.

전 세계 고고학자들은 깜짝 놀랐다. 동아시아권에서 처음으로 주먹도끼가 발견된 것이다. 일부 학자들은 직접 한국을 방문해 확인하기까지 했다. 이를 기점으로 전국 각지를 포함해 중국 및 동아시아 다른 지역에서도 주먹도끼가 출토되기 시작했다.

덧붙이자면 전곡리에서 발견된 주먹도끼는 전형적인 아슐리안 주먹도끼와는 생김새가 다르다. 아슐리안 주먹도끼는 보통 끝이 뾰족하고 양면이 다듬어져 있으며, 날카로운 날이 석기 전체를 빙 두르고 있다. 한편 전곡리 주먹도끼는 한쪽 면만을 다듬은 경우가 많으

전곡리에서 출토된 주먹도끼는 땅을 팔 때, 가죽이나 나무를 가공할 때, 고기를 자를 때 등 다양한 작업에 쓰이는 만능 도구였다.

며, 다소 투박하고 비대칭적이다. 주먹도끼 하나만으로 찍개, 자르개, 긁개로서 다양한 작업을 수행한 것으로 보인다. 또 지금까지 전곡리 유적에서는 주먹도끼를 사용한 인류의 유골이 발견되지 않아서 연대에 대한 논의도 계속 이어지고 있다. 하지만 전곡리 주먹도끼의 발견은 당시 지배적이던 모비우스의 가설을 뒤집었다는 점에서 역사적으로 매우 중요한 의의를 지닌다.

인류,
불을 사용하다

오늘날 우리는 다양한 재료로 다양한 요리를 만들어 먹는다. 선택지가 넓어지고 취향이 다양해지면서 개개인이 선택하는 식단도 가지각색이다. 극단적으로 100% 육식을 하는 카니보어 식단을 따르는 사람도 있고, 100% 채식을 하는 비건도 있다. 문득 궁금해진다. 양극단에 서 있는 두 집단 중에 어느 쪽이 더 자연스러운 걸까? 원래 인류는 어떤 음식을 먹고 살았을까?

먼 옛날 우리 조상들은 주로 식물성 음식을 먹었다. 맛있는 고기는 맹렬한 육식동물의 몫이었다. 하지만 시간이 흐르면서 인류도 맹수들이 먹고 남긴 사체 찌꺼기에 조금씩 눈독을 들이기 시작했다. 하이에나처럼 사체 청소부 역할을 한 것이다.

처음에는 석기로 사체 뼈를 내려치고 그 안에 있는 골수를 빼먹었다. 그렇게 고기 맛을 알게 된 인류는 점차 무리를 지어 사냥하면서 잡식의 세계로 나갔다. 고인류학자들이 아프리카 지역의 화석을 분석한 결과, 약 260만 년~250만 년 전에 인류가 고기를 섭취한 흔적이 남아 있었다. 180만 년~160만 년 전부터는 인류도 적극적으로 사냥하는 포식자의 위치에 선 것으로 보인다.

중요한 건 육류를 많이 섭취하면서 인류의 뇌가 커지고 지능이 높아지기 시작했다는 점이다. 동물성 음식은 식물성 음식보다 열량이 훨씬 더 높다. 현재 우리의 뇌는 무게가 체중의 2%에 불과하지만, 몸 전체가 사용하는 에너지 가운데 무려 25%를 사용한다. 만약 인류가 동물성 음식을 섭취하지 않았다면 이만큼의 에너지를 공급할 수 없어서 뇌가 이렇게 발달하는 방향으로 진화할 수 없었을 것이다.

따라서 육식은 인간과 다른 동물을 구분하는 중요한 열쇠였던 것으로 보인다. 하지만 이것만으로는 수수께끼가 풀리지 않는다. 인류가 육식을 해서 뇌가 커지고 지능이 높아진 거라면 육식을 하는 다른 많은 동물은 왜 그렇게 진화하지 않을까? 단군신화에서처럼 마늘과 쑥이 아니라 실제로는 고기를 사냥해 먹는 호랑이와 곰은 왜 사람이 되지 못했을까?

1997년 하버드대학교의 인류학자 리처드 랭엄이 그 해답으로 '요리 가설'을 제시했다. 요리하면서 즉 불로 음식을 익혀 먹으면서 비로소 인류에게 커다란 변화가 일어나기 시작했다는 것이다. 우리 조상들은 처음에는 산불이 휩쓸고 지나간 후에 구워진 고기나 식물 뿌리 등을 우연히 주워 먹었을 것이다. 그렇게 익힌 음식을 맛본 후 점차 자연적으로 발생한 불을 원하는 곳으로 옮겨와 식재료를 구워 먹었을 것이다. 그러다 마침내 돌이나 나무로 직접 불을 피우는 법을 알아내고 안전하게 통제하고 사용하는 법을 익혔을 것이다.

음식을 불에 익히면 훨씬 부드러워진다. 입속에서 오래 씹지 않아도 되고 소화 기관에서 흡수도 더 잘 된다. 그러다 보니 어금니와

턱이 작아지면서 뇌가 커질 수 있는 여유 공간이 생겼다. 장의 길이가 짧아지면서 소화에 쓰이던 많은 양의 에너지를 뇌에서 대신 사용할 수 있게 됐다.

이렇게 두뇌가 커지고 똑똑해진 인류는 더 좋은 사냥 도구를 제작할 수 있었다. 더 영리하게 소통하고 협력하면서 더 효율적으로 사냥했고, 더 좋은 고기를 더 많이 얻었다. 양적으로도 질적으로도 더 훌륭한 영양분을 섭취하면서 두뇌가 더 커지고 더 똑똑해졌다. 그렇게 지능이 높아지자 더 좋은 도구를 상상해내고 만들어 냈다. 이런 식으로 원인이 결과를 낳고 그 결과가 다시 원인이 되면서 점점 효과가 증폭해 나가는 현상을 '양성 되먹임 고리feedback loop'라고 한

인류는 고기를 불에 구워 먹으면서 두뇌가 커지고 지능이 높아졌다.

다. 인류는 양성 되먹임 고리 속을 빙글빙글 돌면서 지능이 높아지고, 식생활이 개선되었으며 점점 더 협력하는 식으로 특별하게 진화했다. 인간과 다른 동물을 구분 짓는 또 다른 열쇠는 바로 프로메테우스가 우리에게만 전해준 특별한 선물인 '불'이었다.

누가
외치를 죽였을까

1991년 9월, 한 독일인 등반가 부부가 오스트리아와 이탈리아 국경 근처 알프스산맥에서 등반을 마치고 내려오다가 골짜기에서 빙하 사이로 삐져나온 시신을 발견했다. 부부는 이를 조난해 얼어 죽은 등산객의 시신이라 생각하고 경찰에 신고했다.

하지만 시신을 수습하고 조사하는 과정에서 이상한 점이 드러났다. 사망한 등산객은 등산복 대신에 양과 염소 가죽으로 만든 코트와 바지를 입고 그 위에 풀로 짠 망토를 두르고 있었다. 머리에는 곰 가죽으로 만든 모자를 쓰고, 발에는 사슴 가죽과 곰 가죽을 엮어 만든 신발을 신고 있었으며, 손에는 등산스틱 대신 구리도끼와 활을 들고 있었다. 등에는 등산 배낭 대신에 돌화살 14개가 들어 있는 가죽 화살집을 메고 있었다.

인근의 인스부르크대학교로 옮겨 정밀하게 분석한 결과 놀랍게도 시신이 사망한 시점이 무려 5,300년 전이라는 사실이 밝혀졌다. 수천 년 동안 빙하 속에 갇혀 있다 깨어난 이 냉동인간은 발견된 장소인 외츠탈 계곡과 전설 속의 설인 예티를 따서 '외치'라는 이름이 붙었다.

각 분야 전문가는 온갖 과학적 분석 방법을 동원해 꽁꽁 얼어 있던 비밀을 밝혀내기 시작했다. 외치는 키 160cm, 몸무게 50kg 정도의 40대 중반 남성으로, 눈과 머리카락은 짙은 갈색이었으며 혈액형은 O형이었다. DNA를 분석한 결과 유당불내증, 담석증, 심장병 같은 각종 질환을 앓고 있었다. 거친 곡식을 씹어 먹어서 그런지 치아도 심하게 닳아 있었다. 위장 속에 남아 있는 음식물을 통해 사망하기 한두 시간 전에 염소 고기, 사슴 고기, 밀 등을 먹은 것을 알 수 있었다. 외치의 피부에는 문신이 수십 개 새겨져 있었는데, 주로 관절염이 심한 부위에 집중된 것으로 보아 치료 목적이었던 것으로 추측된다.

그런데 외치는 어쩌다가 험난한 알프스산맥의 골짜기에서 차가운 죽음을 맞이했을까? 처음에 사람들은 외치가 길을 가다가 발을 헛디뎌 떨어져 사망한 거로 생각했다. 하지만 2001년 X-레이 촬영으로 어깨 부근에 박혀 있는 돌화살촉을 발견하면서 누군가에게 살해당했을 가능성이 제기됐다.

이후 2007년 CT 촬영을 통해 화살이 뒤쪽에서 어깨뼈를 뚫고 들어와 동맥을 건드린 뒤 쇄골 아래에서 멈췄다는 자세한 정황이 드러났다. 외치는 화살에 동맥이 터지면서 과다출혈로 사망했을 확률이 높다.

그렇다면 도대체 누가, 왜 외치를 죽였을까? 외치는 당시 귀했던 구리도끼를 포함해 여러 장비를 소지하고 있었고 옷도 제법 잘 갖춰 입었다. 아마도 부족장이나 제사장같이 신분이 높은 사람이었을 것이다. 하지만 단순한 강도 사건은 아니었던 것 같다. 구리도끼 같은

유럽 최초의 살인사건의 피해자인 외치의 모습이다.

값비싼 소지품이 그대로 남아 있었기 때문이다.

DNA를 분석한 결과 외치의 칼에서 1명, 화살촉에서 2명, 코트에서 1명 총 4명의 피가 검출됐다. 여러 명에게 원한을 사서 조직적인 살인을 당했거나 다른 부족과의 전투 중에 전사했을 가능성이 크다.

외치의 화살집에 들어 있던 화살 중 몇 개는 깃이 붙어 있지 않았다. 외치가 이동하면서 계속 장비를 새로 만들고 고쳐야 했다는 뜻이다. 아마 다수에게 쫓기는 긴박한 상황에 놓여 있었다고 추측할 수 있다.

또 외치의 오른손에는 죽기 며칠 전에 방어하다가 다친 것 같은 상처가 아물어가고 있었다. 아마 사망 당일뿐만이 아니라 며칠에 걸쳐 쫓고 쫓기는 끈질긴 전투가 이어졌을지도 모른다. 숨 막히는 추격전 끝에 외치는 뒤에서 날아온 적의 화살에 어깨를 맞고 피를 흘리며 쓰러졌다. 죽은 외치의 시신 위로 눈이 쌓였다. 그렇게 수천 년 동안 외치는 빙하 속에 온전히 얼어 있었다.

무려 5,000년 전에 일어난 살인사건의 전말을 이만큼이나 밝혀낼 수 있다는 건 참으로 놀랍다. 게다가 우리는 외치 한 명으로부터 그 시대의 문화, 의복, 식생활, 도구, 의학 수준 등 많은 것을 배웠다.

외치는 인류 역사상 가장 많이 연구된 사람이라고 한다. 지금도 이탈리아 볼차노에 있는 사우스 티롤 고고학 박물관의 냉동실 안에 보관된 채 계속해서 연구의 대상이 되고 있다.

미시간호를 습격한 괴물

미시간호에는 괴물이 산다?
미국 중서부의 대표 도시 시카고는
오대호 중 하나인 미시간호 옆에 있어.

미시간호는 시카고의 유일한 상수원이야.
하지만 시카고강을 타고 흘러들어온 오물 때문에
도시에는 장티푸스, 콜레라가 끊이지 않았어.
미시간호
시카고강
데스플레인즈강

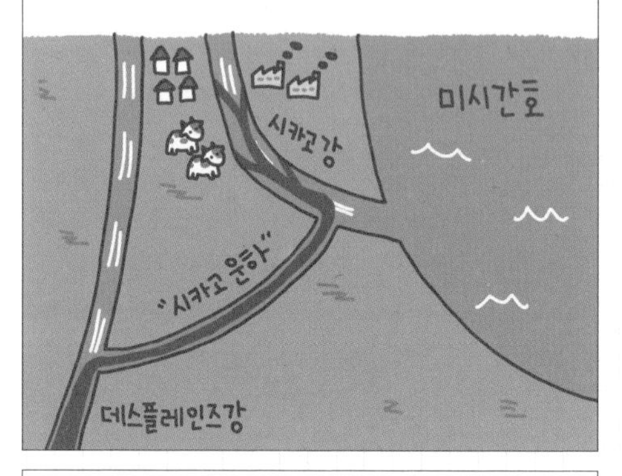
이에 사람들은 운하를 뚫고 다른 강으로
폐수를 흘려보내서 문제를 해결해.
(단순 그잡채...)
미시간호
시카고강
"시카고 운하"
데스플레인즈강

이후 환경을 생각하는 움직임이 증가하면서
물이 깨끗해지지자, 시카고 운하를 타고
예상치 못한 것들이 습격해오는데...
미시간호
시카고강
"시카고 운하"
데스플레인즈강

그건 바로 아시아 잉어!

아시아 잉어는 총 4종으로, 서로 도우면서
일리노이강 어류 생물량의 3/4를 차지하고 있어.
F4처럼 생태계에 군림하고 있는 거지.
Almost
Paradise~

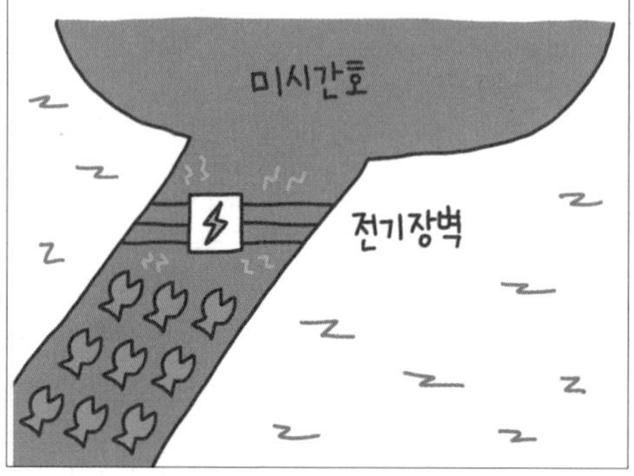
생태계를 보호하려면 운하를 없애면 되지만,
그러기엔 정치적, 경제적 이슈가 너무 많아.
그래서 사람들은 전기가 흐르는 장벽을 세웠어.
미시간호
전기장벽

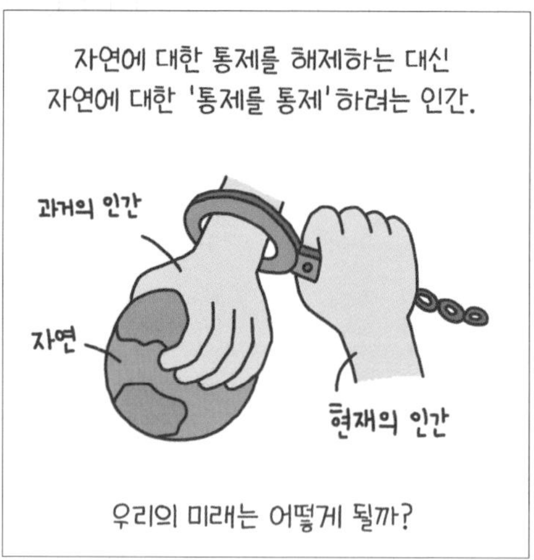
자연에 대한 통제를 해제하는 대신
자연에 대한 '통제를 통제'하려는 인간.
과거의 인간
자연
현재의 인간
우리의 미래는 어떻게 될까?

전류가
흐르는 강

미국 동부에 뉴욕, 서부에 로스앤젤레스가 있다면, 중서부에는 시카고가 있다. 광활한 미국 땅 내륙에 있는 이 매력적인 도시는 '가장 미국다운 도시'로 언급되기도 한다. 미국이라는 나라의 다양성을 고려했을 때 굉장히 애매모호한 표현이지만, 시카고가 미국의 산업과 교통의 중심지임은 분명하다.

시카고는 오대호(미국과 캐나다에 걸친 커다란 호수 다섯 개) 중 하나인 미시간호 바로 옆에 있다. 미시간호는 시카고 사람들에게 물을 공급해 주는 상수원이다.

19세기 후반 산업화가 빠르게 일어나고 인구가 증가하면서 도시에서 나오는 온갖 오물이 시카고강을 타고 미시간호로 흘러 들어갔다. 더러운 물 때문에 시카고에서는 장티푸스나 콜레라 같은 질병이 끊이지 않고 발생했다. 장티푸스로 수만 명이 사망하는 대참사도 발생했다.

수많은 오물을 어떻게 처리하면 좋을까? 여기서 미국은 '미국다운' 방식으로 문제를 해결한다. 운하를 새로 파서 물의 흐름을 아예 바꿔 버린 것이다. 1900년 '시카고 위생 및 선박 운하'가 개통했다. 시카고강으로 방류된 더러운 물은 더 이상 미시간호로 흘러 들어가지 않고, 운하를 따라 데스플레인즈강으로 향한 뒤 일리노이강과 미시시피강을 거쳐 멕시코만으로 빠져나갔다.

미시간호의 수질이 좋아졌다. 운하를 따라 선박이 이동하는 물길이 뚫리면서 도시 경제도 활발해졌다. 그야말로 일석이조였다.

하지만 시간이 흐르면서 무차별적인 발전은 줄어들었고 사람들 사이에서 환경을 생각하는 움직임도 커지기 시작했다. 시카고강을 흐르는 물은 점차 다시 깨끗해졌다. 모든 것이 좋은 방향으로 흘러가나 싶었던 그때, 깨끗해진 운하의 물을 타고 예상하지 못한 것들이 습격해 오기 시작했다. 바로 아시아 잉어였다.

사실 아시아 잉어는 한 종이 아니라 여러 종을 하나로 아울러 부르는 용어다. 미국에서는 주로 백련어, 대두어, 초어, 청잉어 네 종류를 칭한다. 이 물고기들은 얽히고설킨 먹이 그물 속에서 서로의 생존과 번영을 돕는다.

예를 들어 수생식물을 먹고 자라는 초어의 배설물은 물속의 영양을 증가시켜서 식물플랑크톤이 잘 자라게 해 준다. 우리가 일반적으로 알고 있는 잉어 역시 바닥을 휘저으며 물을 섞어 식물플랑크톤의 성장을 돕는다. 이렇게 잘 자란 식물플랑크톤은 백련어의 먹이가 된다. 식물플랑크톤이 많아지면 이를 먹고 사는 동물플랑크톤도 많아진다. 그리고 다시 동물플랑크톤은 대두어의 먹이가 된다. 이렇게 강한 연대 속에 무적이 된 아시아 잉어 군단은 일리노이강 어류 생물량의 무려 4분의 3을 차지하고 있다.

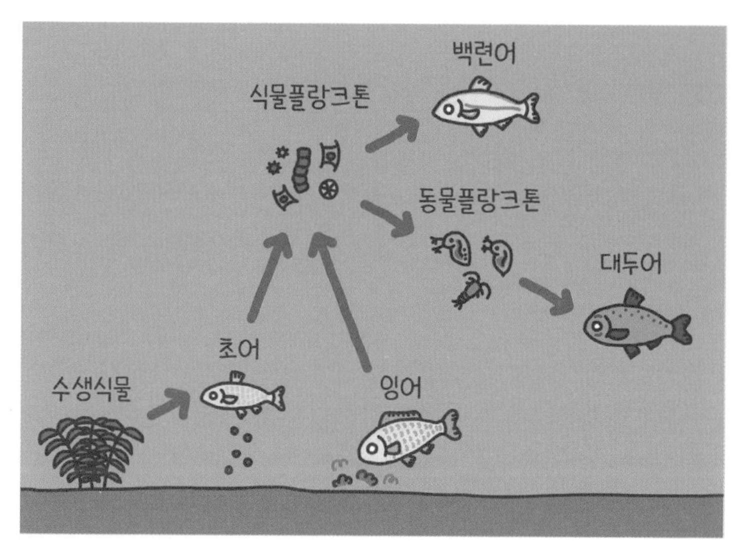

아시아 잉어들은 서로의 성장을 도와주면서 생태계를 점령한다.

미국이 아시아 잉어를 처음 들여온 건 1960년~1970년대다. 어류 양식장이나 하수처리장의 해조류를 청소하고 부유물을 없애는 데 활용하겠다는 계획이었다.

이 잉어들은 홍수로 강물이 범람했을 때 기회를 놓치지 않고 탈출했다. 그리고 점차 자연에서 자신들의 서식지를 넓혀 갔다. 어마어마한 번식력을 자랑하는 아시아 잉어들은 미시시피강에서 일리노이강으로 또 미시간호로 이동하며 미국 생태계를 쑥대밭으로 만들었다.

이번에는 오물대신 잉어를 처리해야 했다. 이 수많은 잉어를 어떻게 처리하면 좋을까? 가장 간단한 방법은 인공적으로 만들었던 운하를 다시 없애는 것이다. 하지만 그러기에는 정치적, 경제적 이슈가 너무 많이 얽혀 있다. 도시의 뱃길이 막히면 교통과 경제에 미치는 파장이 엄청나다. 운하를 없애면 하수 처리 시스템도 싹 다 갈아엎어야 한다.

그래서 미국은 다시 '미국다운' 방법으로 문제를 해결하기로 했다. 운하에 독성 물질을 주입한다던가, 물을 뜨겁게 가열한다던가, 물속의 산소를 없앤다든가 하는 끔찍하고 다양한 방법이 제시됐다.

최종적으로 선택된 건 역시나 끔찍하게 들리는 '전기 장벽'이라는 방법이었다. 현재 시카고 운하 중간에는 어류 차단용 전기 장벽이 설치돼 작동하고 있다. 물고기가 이곳을 헤엄치면 몸속에 전류가 흐르도록 제작됐다.

식상한 이야기지만 물고기들은 죄가 없다. 애초에 사람이 억지로 데려오지 않았다면 미국 중서부에 이렇게 많이 살지도 않았을 거다. 우리는 아무것도 모르는 물고기들에게 뜬금없이 전류를 흘려보내고 있다. 마른하늘에 아니 강물에 날벼락이다. 동물 학대 같은 개념을 떠나서라도 강을 흐르는 전류가 진정한 의미의 해결책이 될 수 없다는 건 분명하다.

다이아몬드가
떠다니는 하늘

2014년 지구 온난화를 극복하기 위해 고군분투하던 인류는 인공 냉각제 CW-7을 개발하는 데 성공한다. 세계 79개국 정상은 CW-7을 대기권에 살포해 지구 온도를 낮추기로 합의한다. 하지만 효과가 너무 강력했던 걸까? CW-7의 부작용으로 지구에 심각한 빙하기가 찾아온다. 모든 생명체가 꽁꽁 얼어붙었다. 유일하게 생명이 살아갈 수 있는 공간은 쉬지 않고 전 세계를 횡단하는 '설국열차'뿐이다.

봉준호 감독의 영화 〈설국열차(2013)〉에 나오는 내용이다. 지구 대기에 냉각제를 뿌려 온도를 조절한다는 설정은 대담하면서도 끔찍한 SF 영화적 발상으로 들린다. 하지만 실제로 대기권에 특정 물질을 뿌리는 방안이 지구 온난화를 막을 대책으로 떠오르고 있다.

영화에서처럼 온도를 직접 낮추는 냉각제를 뿌리는 것은 아니고, 태양 빛을 반사할 수 있는 물질을 살포해서 지구로 들어오는 열을 줄이는 방식이다. 이렇게 지구로 들어오는 태양에너지를 줄이는 기술을 연구하는 분야를 '태양 지구공학'이라 부른다.

태양 지구공학에서 현재 가장 활발하게 연구되는 방법은 '성층권 에어로졸 주입'이다. 말 그대로 성층권에 에어로졸을 뿌리겠다는 건데, 용어가 어렵게 느껴질 수 있으니 하나하나 살펴보자.

'성층권'은 지구 대기권을 고도에 따라 나눴을 때 두 번째로 낮은 층을 이른다. 대략 지구 표면에서 10km까지는 대류권, 10km에서 50km까지는 성층권, 50km에서 80km까지는 중간권, 80km에서 1,000km까지는 열권으로 분류한다.

대류권은 지표면에서 가장 가까워서 접근하기 쉽지만, 공기가 활발하게 움직이면서 온갖 기상 현상이 일어나는 혼돈의 공간이다. 그래서 에어로졸을 뿌리려면 대류권보다 안정적이면서도 비교적 접근성이 좋은 성층권에 뿌리는 게 훨씬 효과적이다. 대류권에서는 2주 안에 가라앉아 버리는 에어로졸이 성층권에서는 2년까지도 머무를 수 있다.

'에어로졸'이란 공기 속을 떠다니는 작은 액체나 고체 입자를 뜻한다. 우리 목적에 맞게 태양 빛을 반사할 수 있는 에어로졸 후보는 여럿이다.

예를 들면 화산재의 성분인 이산화황이 있다. 엄청나게 큰 화산이 터지면 화산재가 하늘을 뒤덮어 지구 온도가 내려간다. 태양 지구공학이 탄생하는 데 아이디어를 제공한 자연 현상이기도 하다. 하지만 이산화황은 오존층을 파괴하고 산성비를 일으킨다는 단점이 있다.

또 다른 후보로는 탄산칼슘이 있다. 탄산칼슘은 우리 주변에서 흔히 볼 수 있는 석회암의 주성분으로, 지금도 대류권에 탄산칼슘 먼지가 떠다니고 있다. 이산화황과 같은 부작용도 없을 것으로 예상된다.

최고의 후보는 다이아몬드라고 주장하는 학자도 있다. 반응성이 엄청나게 낮은 물질이므로 대기에 미치는 영향을 최소화할 수 있다는 것이다. 우리는 반짝이는 다이아몬드 가루가 둥둥 떠다니는 하늘 아래에서 살아가게 될지도 모른다.

태양 지구공학에는 성층권 에어로졸 주입 외에도 다양한 방법이 있다. '해양 구름 표백'은 바다에 낮게 떠다니는 구름에 소금 입자를 뿌려서 더 밝게 만드는 방법이다. 그러면 구름의 반사율이 높아져서 더 많은 태양 빛을 우주로 반사할 수 있다.

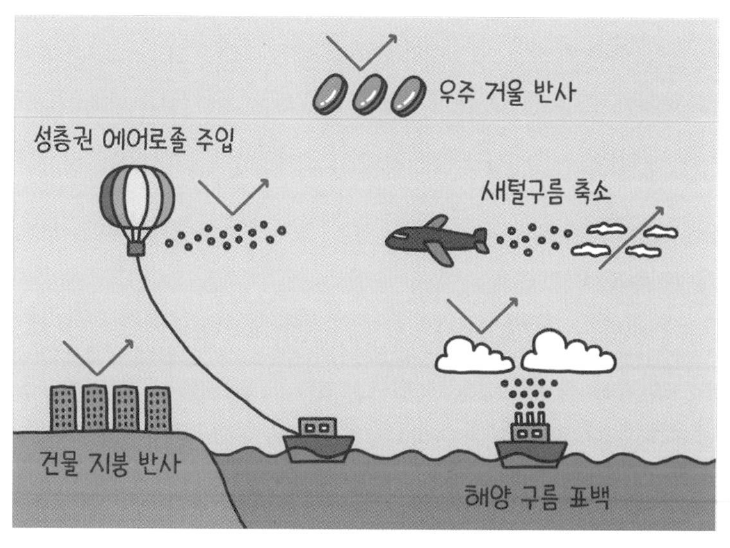

지구의 온도를 낮추기 위해 다양한 태양 지구공학 방법이 제시되고 있다.

'새털구름 축소'는 높은 곳을 떠다니며 지구의 담요 역할을 하는 새털구름을 없애거나 얇게 만들어서 대기에 열을 덜 가두도록 하는 방법이다. 그 외에도 우주에 거울을 설치해 태양 빛을 반사한다던가, 건물 지붕을 하얗게 칠해 반사율을 높이는 방법이 제시되고 있다.

여기서 헷갈리면 안 되는 점이 있다. 태양 지구공학은 지구 온난화 문제를 다루는 방법 가운데 꽤 저렴하고 효과가 빠르게 나타나는 방법이다. 하지만 이 기술은 지구 온도가 높다는 현상 즉 '결과'를 수정할 뿐이다. 다시 말해 지구 온도를 올리는 근본적인 '원인'을 해결하지는 못한다.

매주 피부과에 가서 여드름 치료를 받으면 확실히 빠른 시일 안에 좋은 피부를 얻을 수 있다. 하지만 궁극적으로 여드름을 없애려면 수면, 스트레스, 식생활 등 기본 생활 습관을 고쳐야 한다. 그렇지 않으면 피부과를 그만 다니는 순간 여드름이 다시 얼굴을 뒤덮을 것이다. 태양 지구공학은 지구가 피부과에 가서 쐬는 여드름 치료용 레이저라고 보면 된다.

세계무역기구WTO 전 사무총장 파스칼 레이미는 태양 지구공학을 고려하는 지금의 상황을 '비극적'이라고 표현했다. '기온 상승을 피하고자 잘못된 길인 걸 알면서도 가고 있기 때문'이다.

인간이 지구 환경에 대규모로 개입하는 것은 커다란 부작용을 일으킬 수 있다. 어떠한 결과를 낳을지 예측하기가 굉장히 어렵다. 구름을 조절하다가 강수 패턴을 엉망진창으로 바꿔버릴 수도 있고, 햇빛을 반사시키다가 농업에 막대한 피해를 미칠 수도 있다.

하지만 그럼에도 이런 '비극적인' 개입은 불가피할지도 모른다. 우리는 이미 지구에 너무 많은 개입을 했다. 인류의 손으로 액셀을 달아놓은 지구라는 열차는 점점 더 빠르게 질주하고 있다.

인공적인 장비가 지구를 위험하게 했으니 더는 건드리지 말자면서 이제 와서 알아서 멈추기만을 기다릴 수는 없다. 그 사이에 전봇대라도 들이받을지 모르는 일이다. 기후 변화의 티핑포인트를 넘어설지도 모른다. 아무리 인공적이더라도 최소한의 브레이크를 달아줘야 하지 않을까?

6차 대멸종

6차 대멸종
인류복원모형

지구에는 지금까지 여러 번의 대멸종이 있었어.
재건축할 거니까 입주민은 싹 다 나가주세요.
깨
끗

규모가 크고 잘 알려진 대멸종은 다섯 개야.

〈 멸종된 종 〉

1차 대멸종: 4억 5천만년 전 85%

2차 대멸종: 3억 7천만 년 전 70%

3차 대멸종: 2억 5천만 년 전 95%

4차 대멸종: 2억 년 전 75%

5차 대멸종 : 6천 6백만 년 전 80%

가장 최근에 일어난 5차 대멸종 때는
멕시코 유카탄반도에 소행성이 떨어져서
지구를 지배하던 공룡이 멸종했어.

그리고 이 아비규환 속에서 살아남은
쥐같이 생긴 작은 포유류는
땅굴 속에서 자고 나왔더니
다들 어디로 간거야?

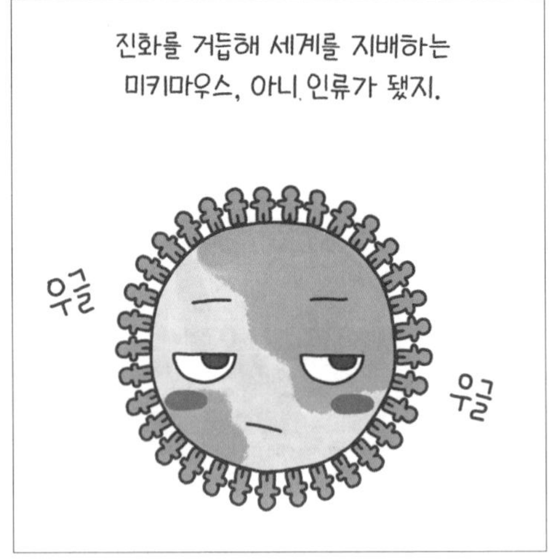
진화를 거듭해 세계를 지배하는
미키마우스, 아니, 인류가 됐지.
우글
우글

그리고 지금 지구에서는 이미
6차 대멸종이 진행 중이라는 분석이 있어.
그 원인은 화산 폭발도, 소행성 충돌도 아닌
바로 인간이지.
땡!
땡!
딩동댕♪

인간 활동 때문에 기후가 변하고,
생물다양성이 사라지고 있거든.
지구에서 곧 대멸종 시즌6 방영한대!
꿀잼♥
인류 사라지겠지? 지난 시즌 보면 최상위 종은 무조건 멸종하더라.
헤헤

다섯 번의
대멸종

처음 생명이 탄생한 이후 오늘날에 이르기까지 지구에서는 무수한 생물 종이 생겨났다 사라지기를 반복했다. 비교적 짧은 시간 안에 절반이 넘는 생물종이 사라지는 대멸종도 여러 번 일어났다.

특히 규모가 크고 잘 알려진 대멸종은 총 다섯 번 있었다. 대멸종은 지구 환경이 전반적으로 급격히 바뀌면서 생태계 자체가 크게 뒤엎어지는 사건으로, 한 지질시대에서 다른 지질시대로 넘어가는 경계를 이룬다.

1차 대멸종은 약 4억 5천만 년 전, 오르도비스기와 실루리아기의 경계에서 일어났다. 워낙 오래전이라 정확한 이유는 알 수 없지만, 지구 온도가 갑작스럽게 낮아졌다. 추운 날씨에 빙하가 많이 형성되면서 바닷물 표면의 높이가 낮아졌다.

당시 생물들은 대부분 아직 육지로 진출하지 않고 얕은 바다에 살고 있었다. 따라서 해수면 하강은 전체 생태계에 치명적인 영향을 미쳤다. 이 사건으로 전체 생물종의 약 85%가 멸종했다.

2차 대멸종은 약 3억 7천만 년 전, 데본기와 석탄기의 경계에서 일어났다. 다른 대멸종보다 비교적 긴 시간에 걸쳐 일어났으며, 다양한 요인이 복합적으로 작용했던 것으로 보인다. 지구 기온이 낮아진 것도 하나의 원인이었다. 전체 생물종의 약 70%가 멸종했다.

3차 대멸종은 약 2억 5천만 년 전, 페름기와 트라이아스기의 경계에서 일어났다. 여러 대륙이 뭉쳐 하나의 초대륙 판게아를 형성하는 과정에서 시베리아에서 어마어마한 대규모 화산 폭발이 일어났다.

무려 100만 년 동안이나 분화가 지속됐다. 넓은 면적의 숲이 불타고 땅속에 묻혀 있던 탄소가 새어 나오면서 대기 중에 메테인과 이산화탄소 같은 온실기체의 양이 늘어났다.

이번에는 1차, 2차 대멸종과 다르게 지구 온도가 높아졌다. 바다가 산성화됐다. 생물들은 높은 온도와 산소 부족으로 쓰러져 갔다. 3차 대멸종은 '모든 멸종의 어머니'라고 불릴 만큼 지구 역사상 가장 거대한 멸종 사건이었다. 전체 생물종의 약 95%가 멸종했다.

4차 대멸종은 약 2억 년 전, 트라이아스기와 쥐라기의 경계에서 일어났다. 뭉쳐 있던 판게아가 여러 대륙으로 갈라지면서 각종 화산 활동이 일어났다. 3차 대멸종 때와 비슷하게 온실기체가 증가하고 지구 온도가 높아졌다. 전체 생물종의 약 75%가 멸종했다.

마지막으로 가장 유명한 5차 대멸종은 약 6천 6백만 년 전, 백악기와 고제3기의 경계에서 일어났다. 멕시코 유카탄반도에 지름 10km의 소행성이 떨어졌다. 오늘날에도 당시 소행성이 남긴 지름 180km, 깊이 20km의 칙술루브 충돌구를 확인할 수 있다.

충돌 후 몇 시간도 지나지 않아 먼지구름이 지구 전체를 뒤덮었다. 햇빛이 사라지자 식물이 죽어 갔다. 식물을 먹고 사는 동물도 죽음을 면치 못했다. 지구 기온이 내려가고 빙하기가 찾아왔다. 전체 생물종의 약 80%가 멸종했다.

5차 대멸종 당시 지구의 주인공은 지배파충류였다. 육지는 공룡이, 하늘은 익룡이, 바다는 어룡과 수장룡이 지배하고 있었다. 대멸종 사건으로 세상을 주름잡던 지배파충류가 전부 멸종하고, 악어와 새만 살아남았다. 악어가 공룡의 친척뻘이라면 조류는 아예 공룡에 속한다. 따라서 조류는 유일하게 현대까지 살아남은 공룡이라고 볼 수 있다.

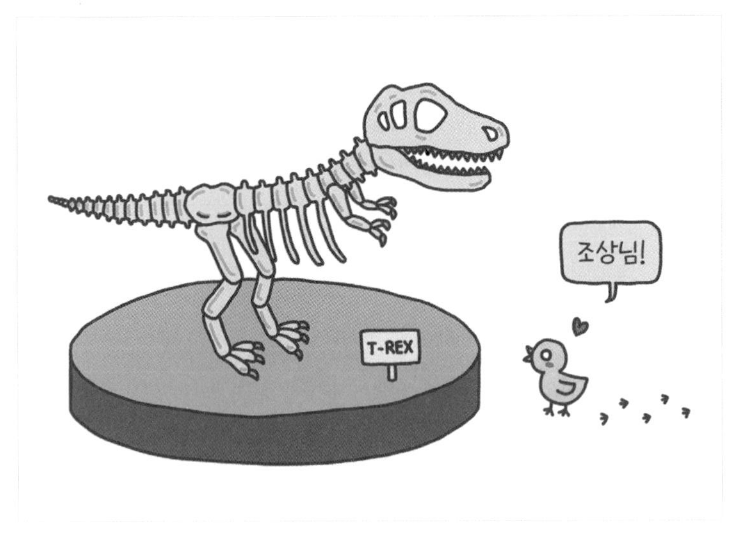

새는 5차 대멸종에서 유일하게 살아남은 공룡이라고 할 수 있다.

대멸종 같은 사건이 일어나 생태계에서 특정 자리가 비게 되면, 그 자리를 다른 생물이 채우기 마련이다. 5차 대멸종에서는 25kg이 넘는 생물은 거의 다 멸종했다. 공룡이 차지하고 있던 왕좌가 공석이 됐다.

그리고 그 자리를 차지한 건 거대한 파충류를 피해 땅굴을 파거나 나무 위로 올라가 숨어 지내던 작은 포유류였다. 쥐를 닮은 원시 포유류는 생태계의 빈자리를 메꾸면서 다양하게 진화하고 번성하기 시작했다.

이렇게 번성해 나간 포유류 가운데는 영장류도 있었다. 당시 영장류는 먹을 것이 풍부한 우거진 숲에 모여 살았다. 하지만 지구 온도가 내려가는 등 환경이 변하면서 나무가 줄어들자 일부 영장류가 땅으로 내려왔다.

초원 지대에서 살아간 영장류는 시간이 흐르면서 직립 보행을 하고 손으로 돌멩이를 집어 도구를 만들어 사용하면서 결국에는 우리, 인류가 됐다.

생물
다양성

지금으로부터 약 1만 년 전 인류는 농사를 짓고 가축을 기르기 시작했다. 당시 지구에 사는 사람과 그들이 기르는 가축은 지상의 모든 척추동물 생물량의 0.1% 정도를 차지했다. 나머지 99.9%는 다양한 야생 동물이 골고루 차지하고 있었다.

하지만 지금은 상황이 완전히 뒤바뀌었다. 척추동물 생물량 가운데 야생 동물이 차지하는 비율은 겨우 3%에 불과하고 인간과 가축이 97% 정도를 차지하고 있다.

특히 인류는 단일 종으로서는 생물량이 가장 크다. 척추동물 생물량의 32%를 인류라는 단 하나의 종이 차지하고 있다. 다르게 표현하면 10,000년 전에 비해 지구의 생물 다양성이 엄청나게 줄어들었다.

생물 다양성은 크게 세 가지로 나뉜다. 첫 번째는 생태계 다양성이다. 지구는 지역에 따라 기후와 지형이 다 달라서 각양각색의 자연환경이 펼쳐져 있다. 적도 지방의 열대 우림, 온대 지방의 초원, 건조한 사막, 추운 북극 근처의 툰드라, 민물인 호수와 강, 깊은 바다 등 다양한 종류의 생태계가 존재한다. 사람이 인위적으로 조성한 농경지 역시 고유한 생태계를 이룬다.

생태계 다양성은 생태 종류의 다양성만을 뜻하지 않는다. 열대 우림이라는 한 범주 안에 들어간다고 해서 다 동일한 생태계가 아니다. 지역에 따라서 환경 요인이 다르고 그 안에 사는 생물 종과 개체 수도 다르다. 모든 생태계는 저마다 고유하다.

두 번째는 종 다양성이다. 우리가 가장 익숙하게 떠올리는 기본 개념으로, 한 생태계 안에 얼마나 많은 생물 종이 얼마나 고르게 분포하고 있는가를 뜻한다. 이때 종의 수가 많은 것도 중요하지만 각 종이 균등하게 분포한 것도 중요하다.

예를 들어 과일나무로 이루어진 두 생태계가 있다고 하자. 두 생태계에는 똑같이 사과나무, 배나무, 감나무 세 종이 살고 있다. 총 개체 수도 10그루로 같다. 얼핏 보면 두 생태계는 비슷해 보인다.

그런데 좀 더 자세히 들여다보니 차이가 있다. 첫 번째 생태계는 사과나무가 8그루, 배나무가 1그루, 감나무가 1그루 있다. 두 번째 생태계는 사과나무가 3그루, 배나무가 4그루, 감나무가 3그루 있다. 이 경우 개체수가 더 골고루 분포된 두 번째 생태계가 종 다양성이 더 높다.

종 다양성은 건강한 생태계를 유지하는 데 매우 중요하다. 생물 종이 다양하지 않으면 생태계의 먹이 사슬이 굉장히 단순해진다. 예를 들어 풀을 메뚜기가 먹고, 메뚜기를 개구리가 먹고, 개구리를 올빼미가 먹는 식이다. 이 경우에 메뚜기가 사라지면 개구리도 사라진다. 또 개구리가 사라지면 올빼미도 사라진다. 생물 종 하나만 사라지면 생태계 전체가 쉽게 무너져 버리는 것이다.

한편, 생물 종이 다양하면 먹이 사슬이 복잡하게 얽히면서 먹이 그물을 형성한다. 풀, 열매, 잎을 먹는 1차 소비자가 메뚜기 말고도 토끼, 사슴, 쥐 등 다양하게 존재한다고 해 보자. 그러면 이 동물을 잡아먹는 2차, 3차 소비자 또한 올빼미 말고도 뱀, 매, 호랑이 등 더 다양해진다. 먹고 먹히는 관계가 이쪽저쪽으로 얽혀 있어서, 한 종이 사라지더라도 생태계가 치명적인 타격을 입지 않는다. 개구리가 사라져도 올빼미는 쥐를 잡아먹을 수 있다.

세 번째 생물 다양성은 바로 유전자 다양성이다. 엄마 기린이 목

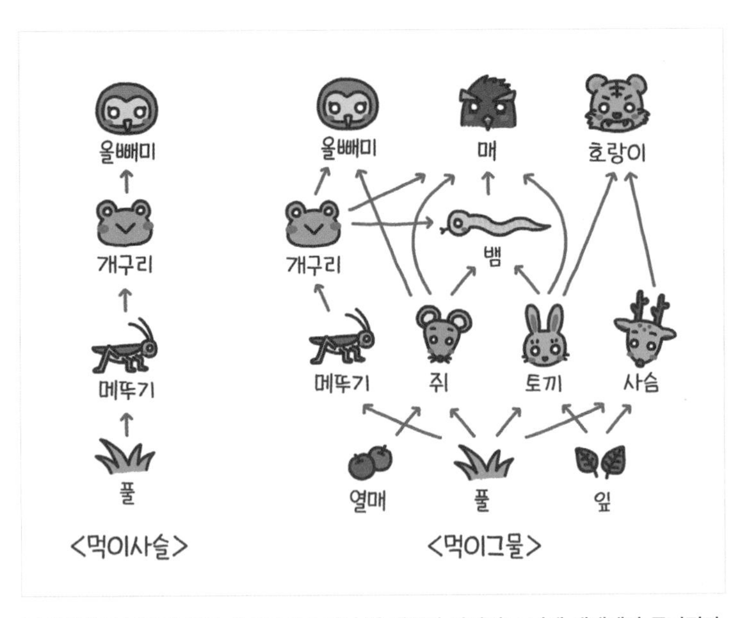

종 다양성이 낮으면 먹이 사슬이 단순해서 한 생물만 사라져도 전체 생태계가 무너진다. 종 다양성이 높으면 먹이 그물이 복잡하게 얽혀 있어서 한 생물이 사라져도 대체할 생물이 있다. 따라서 생태계가 더 안전하게 유지된다.

이 길면, 새끼 기린도 목이 길 확률이 높다. 이렇게 부모가 지닌 특징이 자식에게 전해지는 현상을 '유전'이라 한다. 그리고 이런 유전 정보가 담긴 기본 단위가 바로 '유전자'다. 목이 길다는 엄마의 속성은 세포핵 속에 있는 유전자에 담겨 다음 세대의 아기에게 전달된다. 같은 종이라도 유전자가 다르면 색, 무늬, 크기, 모양, 습성, 지능 등이 다르게 나타난다(유전자에 대해서는 다음 장에서 자세히 다룰 예정이다).

유전자가 다양하지 않으면 그 종은 살아남기 힘들다. 환경이 급격히 바뀌었을 때 아무도 적응하지 못하거나 전염병이 돌 때 모두가

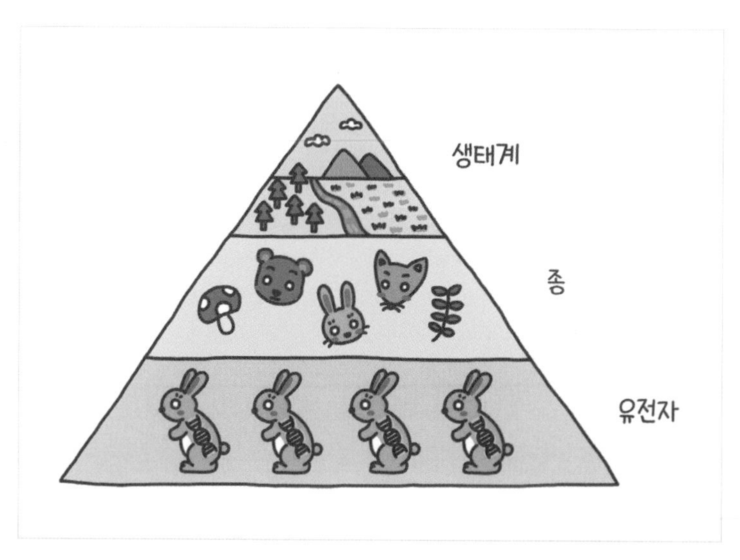

생물 다양성은 크게 생태계 다양성, 종 다양성, 유전자 다양성 세 종류로 나뉜다.

그 병에 취약할 수 있기 때문이다. 유전자가 다양하면 그중에 누군가는 환경 변화에 잘 적응하거나 병에 강해서 살아남을 가능성이 있다.

한때 유럽을 제패했던 합스부르크 가문 사람들은 모두 아래턱이 심하게 돌출된 '합스부르크 턱'을 지니고 있었다. 세대가 지날수록 상태가 점점 더 심각해져서 나중에는 입이 다물어지지 않아 음식을 씹지 못할 정도였다고 한다. 이 가문은 고귀한 순수 혈통을 유지하겠다는 이유로 끼리끼리 결혼했기 때문에 유전자 다양성이 극도로 낮았다. 오랫동안 이어진 근친혼은 각종 장애와 유전병을 유발했고 결국 왕가의 몰락을 불러왔다.

유전자 다양성과 관련해 빠질 수 없는 게 바나나 이야기다. 원래 야생 바나나에는 크고 딱딱한 씨가 가득 들어 있다. 하지만 우리가 먹는 바나나는 품종이 개량돼 씨가 거의 없다. 바나나 농장에서는 씨를 뿌려 바나나를 재배하는 대신 뿌리를 잘라 옮겨 심는다. 즉 우리가 먹는 모든 바나나가 유전적으로 거의 동일한 복제품이나 마찬가지다.

1950년대까지는 전 세계적으로 그로 미셸이라는 품종의 바나나가 재배됐다. 그런데 바나나 암이라 불리는 '파나마병'이 유행하면서 전 세계 바나나 농장이 큰 타격을 입었다. 파나마병은 바나나 뿌리를 감염시키는 곰팡이병이다. 이 병에 걸린 바나나는 잎이 갈색으로 변하면서 말라 죽는다. 파나마병에 취약한 그로 미셸은 1960년대에 거의 자취를 감췄다.

이후 사람들은 그로 미셸보다 맛은 없지만 파나마병에 강한 캐번디시라는 품종을 발견해 키우기 시작했다. 오늘날 전 세계 사람들이 먹고 있는 바나나는 거의 다 캐번디시 한 종이다.

하지만 1980년대 이후로 변종 파나마병이 유행하면서 캐번디시 품종 역시 위협을 받고 있다. 과학자들은 바나나를 멸종 위기에서 구해 내기 위해서 유전자를 편집하는 연구를 진행하고 있다. 유전자 다양성을 확보하지 않으면 바나나는 전설 속의 과일로 남을지도 모른다.

인류의
마지막 시대

2000년 노벨화학상 수상자 폴 크뤼천이 '인류세'라는 새로운 용어를 제안했다. 인류가 만들어 낸 새로운 지질시대를 가리키는 용어다. 앞서 말한 것처럼 지질시대는 지구 환경이 변하고 생태계에 큰 변화가 발생할 때를 기준으로 분류한다.

환경이 변하는 원인은 대규모 화산 활동, 소행성 충돌, 급격한 기후 변화 등 다양하다. 그리고 이제는 인간 활동이 왕성해지면서 자연 현상 못지않게 환경에 강력한 영향을 미치고 있다. 따라서 인류가 지구를 바꾸는 지금 이 시기를 새로운 지질시대로 분류해야 한다는 뜻에서 인류세라는 개념이 대두됐다. 아직 공식적인 용어는 아니지만 이미 많은 사람이 사용하고 있다.

인류세에 들어선 지금, 전 세계 생물 종은 그 어느 대멸종 때보다도 빠르게 사라져가고 있다. 6차 대멸종은 미래의 이야기가 아니라 이미 현재진행 중이다. 지금도 하루에 평균 10여 종이 멸종하고 있다고 한다. 인간으로 인해 기후 변화가 발생하고 있다. 인간으로 인해 생태계가 파괴되고 있다. 인간으로 인해 생물 다양성이 줄어들고 있다.

한 가지 명심해야 할 점이 있다. 지금까지 있었던 모든 대멸종 사건에서 생물량이 가장 많은 생물은 언제나 멸종했다. 인류세는 인류의 마지막 시대가 될지도 모른다.

우리는 지층의 구조, 구성 성분, 남아 있는 화석 등을 연구해 과거 시대가 어떠했는지 유추한다. 지구상에서 우리가 사라지고 시간이 흐른 후 누군가가 인류세의 지층을 관측한다면 어떤 특징을 발견할까? 우리가 살던 시대는 과연 어떤 모습으로 이 땅에 기록될까?

일단 인류세의 지층에서는 화석 연료를 태워서 발생한 이산화탄소, 인류가 무분별하게 생산한 플라스틱 등이 검출될 것이다. 그리고 대표 화석은 가축 그중에서도 '닭'이 될 가능성이 크다. 닭은 전 세계적으로 어마어마하게 사육되고 소비된다. 매년 도축되는 식용닭은 약 650억 마리에 달한다.

인류세의 지층에 묻힌 닭은 이전 시대의 닭과도 확연히 구분될 것이다. 우리가 먹는 닭은 짧은 시간 안에 커다랗게 자라도록 수십 년에 걸쳐 품종이 개량됐다. 따라서 인류세 지층에서 발견되는 닭뼈는 이전 시대의 닭뼈보다 훨씬 클 것이다. 또 너무 빨리 자란 나머지 뼈에 듬성듬성 구멍이 나 있을 것이다

중생대를 대표하는 화석은 당시 세상을 제패했던 공룡이다. 그리고 인류세를 대표하는 화석은 인류가 아닌 닭일 것이다. 앞에서 조류는 유일하게 살아남은 공룡이라고 했다. 미래에 화석을 통해 바라본 인류세는 여전히 공룡이 지배하는 세상인지도 모른다.

유전자가 뭔데

유전자가 뭐길래?
유전자 검사 결과
50퍼센트 일치합니다.
...예?
바나나랑요?
응애
응애

분자생물학 분야에 등장하는
DNA, 염기, 유전자, 염색체, 유전체...
비슷한 것 같은데 뭐가 다른 걸까?
용어가
헷갈려
아데닌
사이토신
구아닌
타이민

DNA는 우리 몸의 거의 모든 세포의
핵 안에 들어 있는 물질이야.
사다리를 꼬아놓은 모양을 하고 있지.

DNA 사다리의 가로대는
A, C, G, T라는 염기로 이루어져 있어.
A는 T하고, C는 G하고만 쌍을 이루지.

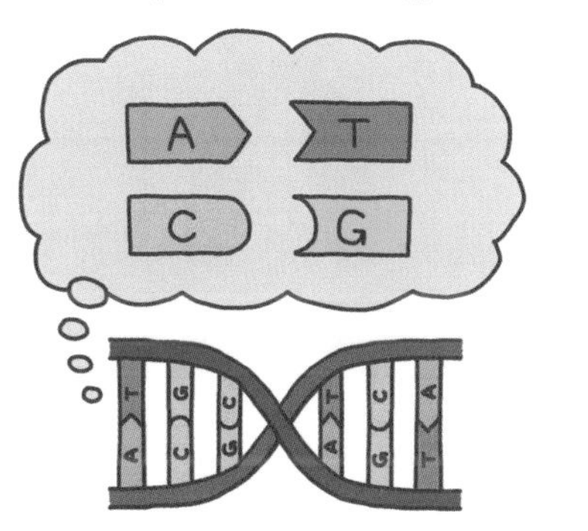

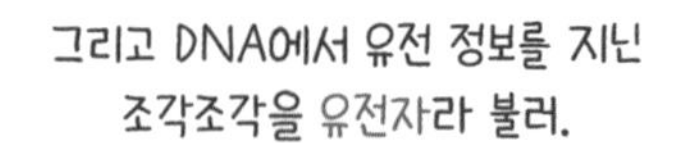

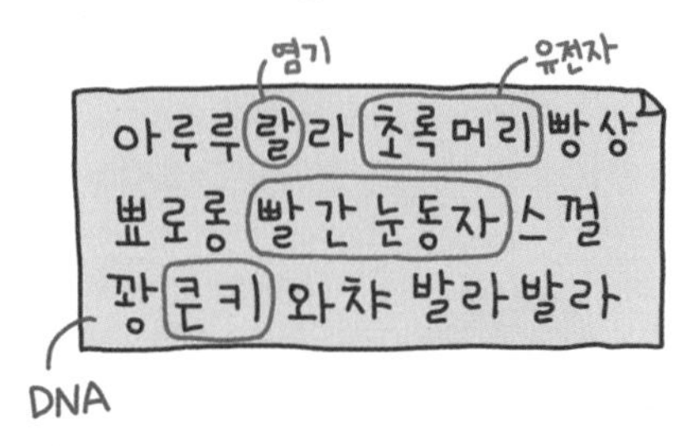

DNA가 기다란 종이라면,
염기는 그 위에 쓰인 글자 하나하나고,
유전자는 의미 있는 단어가 쓰인 종잇조각이야.

마지막으로 이 모든 유전 정보를 통틀어서
유전체(=게놈)라고 부르지.

염색체가 책 한 권이라면,
유전체는 46권짜리 전집이야.

2003년, 인간게놈프로젝트가 완성됐어.
사람의 유전체에 있는 염기쌍 30억 개를
전부 읽어냈다는 뜻이야.

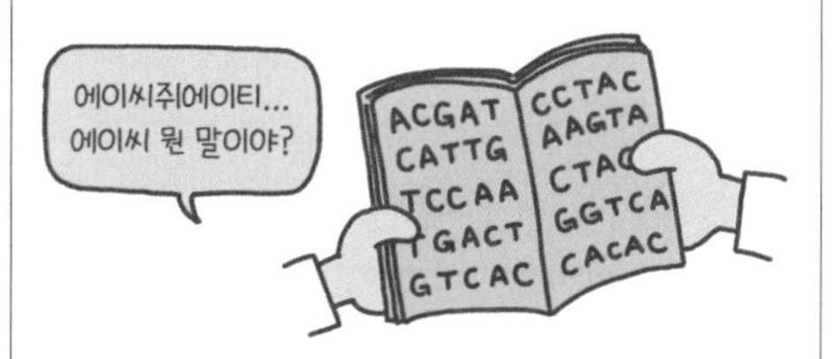

참고로 염기서열을 다 알아냈다고
그 의미까지 다 알아낸 건 아니야.

내 몸
조립 설명서

2000년대 이후로 개인용 유전자 검사 키트가 유행하고 있다. 의료기관이나 연구 기관에 방문할 필요 없이 그냥 온라인으로 구매하면 키트가 집 앞까지 배송된다. 건네받은 통 안에 침을 뱉고 잘 밀봉한 후 반송 신청을 한다. 그러면 회사에서 샘플을 다시 가져가 유전자 분석을 한 다음 2~3주 후 결과를 알려 준다.

이러한 검사를 통해 나의 유전적 조상이 누구인지, 암이나 질병에 걸릴 위험은 어느 정도인지, 어떤 운동을 하고 어떤 영양소를 섭취하면 좋을지 등 유전적으로 타고난 특성에 대해 광범위하게 알 수 있다. 합리적인 가격으로 몇 주 만에 누구나 쉽게 자신의 유전자를 분석할 수 있는 시대가 왔다.

유전과 관련한 용어들은 이제 일상생활에서도 상당히 익숙하게 볼 수 있다. 세계적으로 위상을 떨치는 케이팝 아이돌의 노래 제목에도 DNA가 등장할 정도다.

하지만 유전자, DNA, 염기, 염색체, 유전체 등 비슷해 보이는 개념이 각각 정확히 무엇을 의미하는지, 예를 들어 유전자와 DNA의 차이점이 무엇인지는 전문가가 아니고서는 잘 알지 못하는 경우가 많다. 다 비슷비슷해 보이는 용어들을 이참에 함께 정리해 보자.

먼저 'DNA'는 디옥시리보핵산deoxyribonucleic acid의 약자다. '디옥시리보'란 디옥시리보스라는 당으로 이루어져 있다는 뜻인데, 지금 우리에겐 중요하지 않으니 넘어가자. '핵산'은 우리 몸속 세포핵 안에 들어 있는 산성 물질을 뜻한다. 이 물질에 우리가 부모님께 반반씩 물려받은 모든 유전 정보가 적혀 있다. 설명서를 따라 DIY 제품을 조립하듯 DNA에 적혀 있는 내용을 따라 생명이 만들어진다.

DNA는 우리 몸속 거의 모든 세포 안에 들어 있다. 맨 처음에 하나의 수정란에서 분열하면서 모든 DNA를 복제했기 때문에 어느 세포에 있는 DNA든지 100% 똑같은 정보를 지니고 있다. 그래서 범죄 사건이 일어났을 때 피해자의 손톱 아래 남겨진 소량의 피부 조직으로 가해자를 밝혀낼 수 있고, 유전자 검사 키트에 침을 넣어 보내면 그 안에 섞여 있는 입 속 세포로 나에 대한 무수한 정보를 알아낼 수 있다.

DNA는 엄청나게 기다란 사다리를 배배 꼬아놓은 모양을 하고 있다. 일명 이중 나선 구조다. DNA라는 사다리를 구성하고 있는 요소를 좀 더 자세히 살펴보자. 평행하게 늘어선 세로 기둥이 두 개 있고 그사이에 가로대가 놓여 있다. 이 가로대를 만드는 게 바로 '염기'라는 물질이다. 염기에는 아데닌A, adenine, 사이토신C, cytosine, 구아닌G, guanine, 타이민T, thymine 네 종류가 있다. 각각 줄여서 A, C, G, T다. DNA가 설명서 종이라면, A, C, G, T는 그 위에 쓰여 있는 글씨다.

따라서 우리가 지닌 유전 정보를 알고 싶다면 이 글씨를 읽어 내야 한다. 염기는 둘이 쌍을 이뤄서 가로대 하나를 만든다. 이때 A는 언제나 T하고만 쌍을 이루고, C는 언제나 G하고만 쌍을 이룬다. 그 덕분에 사다리 기둥 두 개 중 한쪽에 붙어 있는 염기만 읽어내면 다른 쪽은 자동으로 알 수 있다. 예를 들어 한쪽이 ACGTCA라면, 다른 쪽은 TGCAGT다. 이런 식으로 염기가 나열된 순서를 알아내는 것을 'DNA 염기서열 결정'이라고 한다. 참고로 사람에게는 염기쌍이 총 30억 개 정도 있다.

'유전자'는 유전 정보를 지닌 최소 단위로, DNA의 특정 부분을 지칭한다. DNA가 한 장의 기다란 종이고, 염기가 글씨 하나하나라면, 유전자는 의미 있는 단어가 쓰인 종잇조각이라고 할 수 있다. 우리가 지닌 특성은 유전자 하나만으로 결정되는 경우도 있고(쌍꺼풀, 손잡이, 머리카락 색 등), 유전자 여러 개가 복잡하게 관여해서 결정되는 경우도 있다(키, 몸무게, 지능, 피부색 등). 사람의 유전자는 약 2만 개다.

사람의 DNA는 길이가 2m 정도다. 우리 키보다도 기다란 이 물질은 세포핵이라는 좁은 공간 안에 엉키지 않고 안정하게 들어 있기 위해서 단백질과 결합해 밧줄처럼 배배 꼬여 있다.

세포 분열이 일어날 때는 퍼져 있던 밧줄이 서로 더 꾹꾹 뭉치면서 '염색체'를 만든다. 염색체는 염색이 잘 되는 물체라는 뜻이다. 현미경으로 세포를 관찰할 때 사용하는 특정 염료에 염색이 잘 돼서 붙은 이름이다.

DNA가 종이라면 염색체는 이 종이를 둘둘 말아서 만든 책이다. 사람은 엄마에게 23개, 아빠에게 23개씩 받아서 염색체가 23쌍 즉 46개가 있다. 그중 한 쌍은 성염색체로, 일반적으로 여자는 XX 염색체, 남자는 XY 염색체를 지니고 있다.

마지막으로 '유전체' 또는 '게놈'은 한 생명체 안에 들어 있는 유전 정보 전체를 뜻한다. 방금 언급한 염색체가 책 한 권이라면 46권 전체를 합친 전집이 바로 유전체다. 이 전집에 쓰여 있는 대로 나라는 생명체가 만들어진다.

2003년 인간 게놈 프로젝트가 완성됐다. 사람의 유전체에 있는

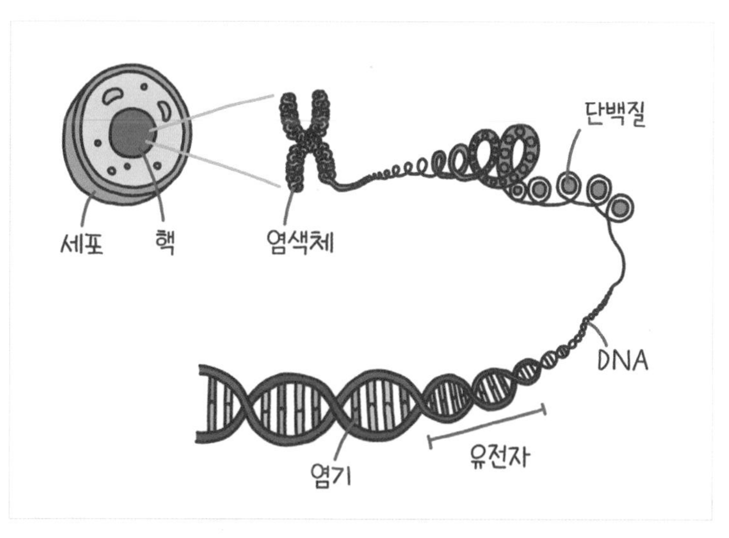

염기, 유전자, DNA, 염색체의 관계를 나타냈다.

30억 개의 염기쌍의 서열을 전부 읽어낸 것이다. 즉 사람의 유전 정보를 전부 알아낸 것이다. 하지만 우리 몸 조립 설명서에 쓰인 글씨를 전부 알아냈다고 해서 그 의미까지 전부 알아낸 것은 아니다. 의미를 알아낸 곳도 있고, 아직 모르는 곳도 있고, 의미가 없는 곳도 있다.

생명의 중심원리

DNA에는 구체적으로 뭐라고 쓰여 있을까? 기본적으로 단백질을 합성하라는 명령이 쓰여 있다. 우리 몸안에서 물질과 에너지를 만드는 물질대사를 촉매하는 게 효소인데, 이 효소의 주성분이 바로 단백질이다. 결국 우리의 생명 활동은 단백질로 조절된다고 할 수 있다. 그리고 그 단백질을 만드는 설명서가 바로 DNA다.

단백질은 아미노산으로 이루어져 있다. 기본적인 네모난 레고 브릭을 조립해서 다양한 작품을 만들 듯 몇 가지 아미노산을 조립해서 다양한 단백질을 만든다. 앞에서 말했듯이 DNA에는 ACGTCA…… 이런 식으로 염기가 쓰여 있는데, 이렇게 염기가 나열된 순서 즉 염기서열에 따라 아미노산을 연결해 단백질을 만들면 된다.

그런데 단백질을 구성하는 아미노산은 총 20개지만 염기는 A, C, G, T 네 개 밖에 없다. 어떻게 4개뿐인 염기로 20개의 아미노산을 연결하는 설명서를 써 내려갈까?

염기 1개로 아미노산 하나를 지칭하는 암호를 만든다고 해 보자. 다시 말해 아미노산 1은 A, 아미노산 2는 C, 아미노산 3은 G, 아미노산 4는 T를 지칭하는 거다. 이 경우 아미노산 4종류밖에 이름을 못 붙인다. 나머지 16종류를 지칭할 방법이 없다.

염기 2개를 이용해서 아미노산 하나를 지칭하는 암호를 만들면 어떨까? 아미노산 1은 AA. 아미노산 2는 AC, 아미노산 3은 AG, 아미노산 4는 AT, 아미노산 5는 CA, 아미노산 6은 CC 이런 식으로 하

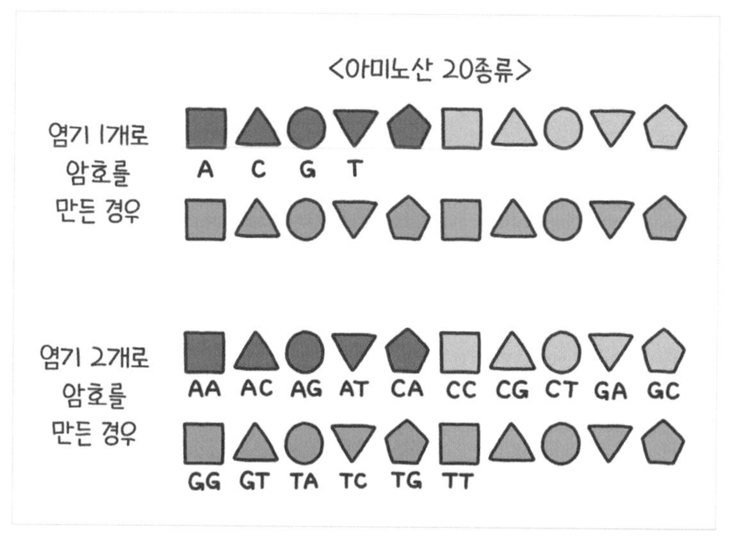

염기 4개를 이용해 20종류의 아미노산을 지칭하는 암호를 만들려면 염기 3개가 한 묶음이 되어서 하나의 아미노산을 지칭해야 한다.

다 보면 총 16종류를 지칭할 수 있다. 하지만 여전히 아미노산 4종류가 남는다. 지칭하는 암호가 부족하다.

이번에는 염기 3개를 이용해서 아미노산 하나를 지칭하는 암호를 만들어 보자. AAA, AAC, AAG, AAT, ACA, ACC, ACG, ACT…… 이 경우에는 총 64개의 조합이 나온다. 20종류의 아미노산에 이름을 붙여 주고도 남는다. 그래서 염기는 3개가 한 묶음이 되어서 하나의 아미노산을 지칭한다. 이 암호를 '트리플렛 코드'라 부른다.

자, 이제 암호를 해독하는 법을 알았으니 설명서에 따라 단백질을 만들 차례다. 그런데 작은 문제가 있다. DNA는 매우 중요하기 때문에 세포핵 밖으로 꺼낼 수 없다고 한다. 마치 도서관 깊숙한 곳에 특별히 보관하는 귀중본과 같다. 도서관 밖으로 대출해 가는 건 불가능하고 복사해서 사본만 가지고 나갈 수 있다.

이 사본이 바로 리보핵산RNA, ribonucleic acid이다. RNA는 DNA와 비슷한 핵산인데 사다리가 한쪽만 있다. 그래서 DNA 사다리의 한쪽과 결합해 DNA의 염기서열을 그대로 베낀 다음 세포핵 밖으로 빠져나온다.

DNA를 책상 조립 설명서라고 해 보자. 도서관에서 사본을 복사해 나온 다음 할 일은 나무 재료가 있는 공방으로 가서 설명서를 따라 책상을 조립하는 것이다. 마찬가지로 세포핵을 빠져나온 RNA는 리보솜이라는 곳으로 가서 베껴 온 암호를 해석하고 아미노산 재료

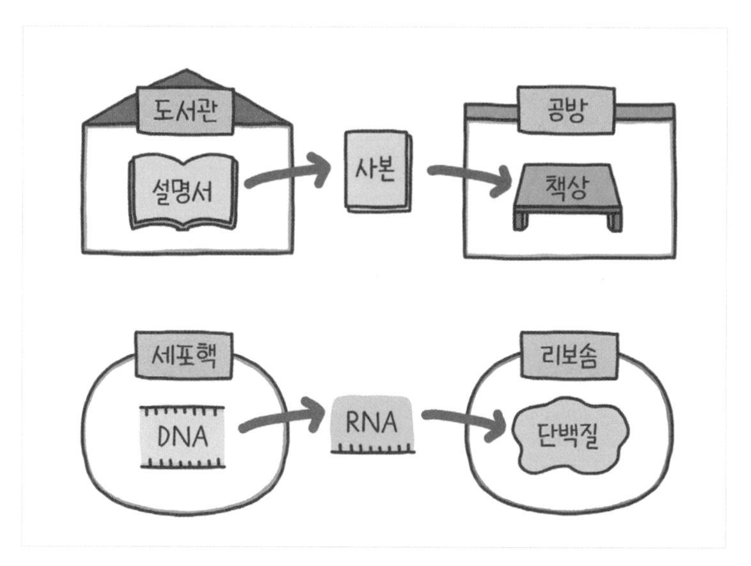

중심원리에 따르면 유전 정보는 DNA에서 RNA로, RNA에서 단백질로 전달된다.

를 결합해 단백질을 합성한다.

이렇게 DNA에서 RNA로, RNA에서 단백질로 유전 정보가 전달되는 흐름을 생명의 '중심원리'라고 한다. 이 흐름을 따르면 DNA가 직접 핵 밖으로 나와 단백질을 합성하다가 손상될 위험이 줄어든다. 또 DNA 전체에 담긴 거대한 정보 가운데 필요한 부분만 복사해 와서 훨씬 효율적으로 단백질을 합성할 수 있다.

화성 탐사 로버가 된 과학자

영화 〈마션(2015)〉은 화성 탐사 도중에 폭풍이 다가와 철수하는 과정에서 주인공 마크 와트니가 팀에서 낙오되어 척박한 붉은 행성에서 홀로 살아남는 이야기를 그린다. 절망적인 상황에서도 낙관적인 성격을 잃지 않고 문제를 해결해 나가는 와트니의 모습은 보는 이들에게 감동을 선사한다.

영화처럼 인류가 화성에 갈 날이 머지않은 걸까? 전 세계가 화성 탐사에 열을 올리며 미지의 세계에 발을 내디딜 준비를 하고 있다. 유럽의 여러 나라가 함께 설립한 유럽우주국ESA에서도 과거 화성에 살았던 생명체의 흔적을 찾는 엑소마스 프로그램을 진행하고 있다.

그런데 엑소마스 프로그램의 화성 탐사 로버의 이름이 특이하다. 바로 '로잘린드 프랭클린'이다. 미국항공우주국NASA의 화성 탐사 로버 이름이 정신(스피릿), 기회(오퍼튜니티), 호기심(큐리오시티), 인내심(퍼서비어런스)인 것과 비교했을 때 진짜 사람 같은 이름이다.

사실 로잘린드 프랭클린은 진짜 사람 이름이 맞다. 유럽우주국에서 존경의 의미로 실존했던 과학자의 이름을 붙인 것이다. 프랭클린은 영국의 화학자이자 뛰어난 X선 결정학자였다.

'X선 결정학'이란 물질에 X선을 쏘아서 튕겨 나오는 파장을 분석해 분자 구조를 밝혀내는 학문이다. 프랭클린은 이 방법을 이용해

석탄, 흑연 등의 구조를 알아냈다. 하지만 무엇보다도 가장 유명한 업적은 바로 DNA의 구조를 밝히는 데 기여한 일이다.

1950년대에는 수많은 과학자가 DNA의 구조를 파악하는 연구에 뛰어들었다. 워낙 구조가 복잡하다 보니 X선 결정학으로 얻은 결과를 해석하기가 쉽지 않았다. 당시 가장 명성 높은 화학자였던 라이너스 폴링은 DNA가 삼중 나선 구조라고 추정했다. 하지만 케임브리지대학교의 제임스 왓슨과 프랜시스 크릭은 DNA가 이중 나선 구조일 거로 추측하고 있었다.

한편 킹스칼리지런던에서는 모리스 윌킨스와 프랭클린의 팀이 X선 실험으로 DNA 구조를 밝히고 있었다. X선 결정학에 능통했던 프랭클린은 오랜 노력 끝에 DNA의 구조를 명확히 보여 주는 결정적 사진을 얻었다.

하지만 여기서 문제가 발생한다. 윌킨스가 이 사진을 프랭클린의 허락도 받지 않고 자기 친구인 왓슨과 크릭에게 보여 준 것이다.

아무런 실험 데이터도 없었던 왓슨과 크릭은 프랭클린의 사진을 보고 결과를 분석해서 자신들의 이론을 마저 정립해 나갔다. 그러고 나서 윌킨스에게 공동 저자로 이름을 올리고 함께 사진 자료를 사용하자고 제안했으나 거절당했다. 마음이 급해진 왓슨과 크릭은 서둘러 128줄짜리 짧은 논문을 작성해 〈네이처〉에 제출했다. 이론만 있고 이를 입증할 증거가 없었기 때문에 프랭클린의 논문과 동일한 호에 게재하려고 맞춘 것이다.

그 결과 뒤쪽에 실린 프랭클린의 논문이 왓슨과 크릭의 논문을 증명해 주는 꼴이 됐다. 왓슨과 크릭의 논문의 각주에는 '윌킨스와 프랭클린이 논문을 출판하기 전에 미리 알려 준 데이터가 없었다면 모델을 세우는 데 어려움이 있었을 것'이라는 식으로 애매하게 감사의 말을 전하고 있다. 하지만 프랭클린은 이들에게 자신의 데이터를 보여 준 적이 없다.

1958년 프랭클린은 난소암 합병증으로 37세의 젊은 나이로 세상

1900년대의 로잘린드 프랭클린은 DNA의 이중 나선 구조를 발견하는 데 크게 기여했다. 2000년대의 로잘린드 프랭클린은 화성에 가서 무엇을 발견하게 될까?

을 떠났다. 그리고 4년 뒤인 1962년 왓슨, 크릭, 윌킨스는 DNA 구조를 밝혀낸 공로로 노벨상을 공동 수상했다.

왓슨과 크릭의 공로를 깎아내리려는 것은 아니다. 왓슨과 크릭은 독자적으로 DNA 구조를 밝혀내는 이론을 세웠고, 프랭클린의 사진이 지닌 가치를 정확히 파악하고 분석했다.

하지만 이 모든 과정에서 프랭클린이 큰 역할을 했다는 점 그리고 억울하게 데이터를 빼앗겼다는 점을 잊어서는 안 된다. 특히 인종주의자이자 우생학자인 왓슨은 프랭클린 사후에도 그의 인종과 성별을 조롱하고 그의 능력과 성과를 평가절하했다. 안타까운 일이다.

비운의 과학자 프랭클린은 이제 로버가 되어 자유롭게 화성으로 날아갈 예정이다. 그곳에서도 원래 성격처럼 꼼꼼하고 신중하게 연구를 수행할 것이다. 지구에서 DNA 이중 나선 구조를 발견했던 그가 화성에서는 어떤 새로운 발견을 할지 기대된다.

유전자 가위로 유전자를 어떻게 자를까

정확히 말하면, 세균을 숙주로 삼는 거야.
난 바이러스라 혼자서는 못 살거든.

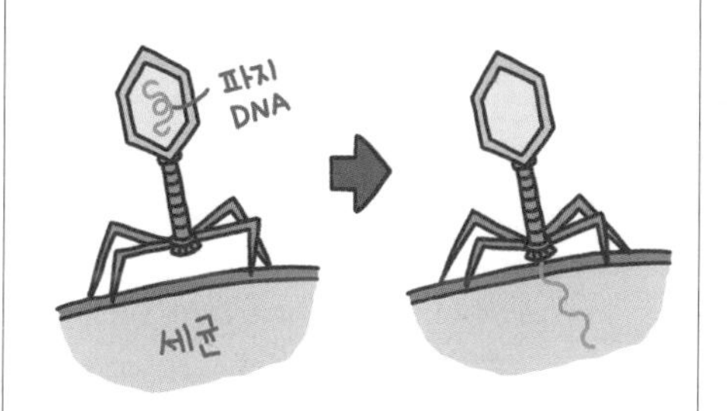

DNA를 세균 몸속에 집어넣은 다음
그 안에서 나를 여러 개로 복제해.

그런데 세균도 당하기만 하지는 않고
면역 시스템을 가동하더라고?

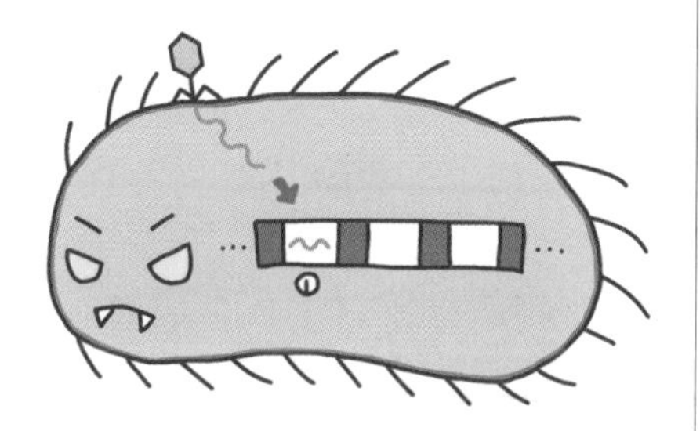

내가 주입한 DNA를 잘라서
'크리스퍼'라는 곳에 저장하지 뭐야.

다음 날에는 내 친구인 또 다른 파지가
세균을 공격했어.

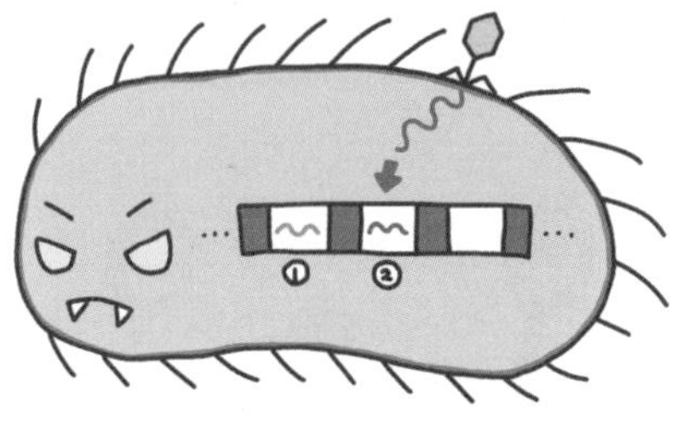

그랬더니 걔 DNA도 잘라서
옆 칸에 저장하더라고.

나중에 다시 세균을 공격하러 갔더니
내가 집어넣은 DNA를
그동안 차곡차곡 모은 DNA들과 비교하더라.

저장해놓은 거랑 일치하는 걸 확인하더니
가이드RNA라는 걸 내 DNA에 붙이고,
카스9이라는 효소로 잘라버리는 거 있지?
원하는 부분만 깔끔하게 잘라내더라고.

그런데 사람이란 생물은 참 똑똑해.
세균의 이런 면역 시스템을 이용해서
유전자에서 원하는 부분만 깔끔히 잘라내는
'크리스퍼-카스9'이라는 유전자가위를 만들더라!

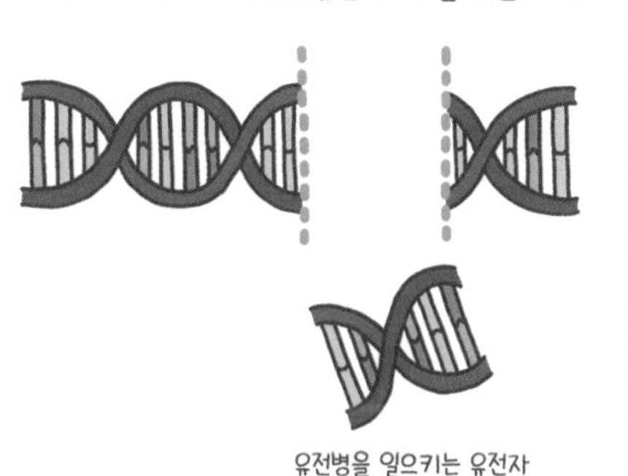

박테리아로 만든 가위

유전은 부모에게서 물려받은 선천적 특성을 뜻한다. 후천적으로 피나는 노력을 해서 어느 정도 극복할 수는 있겠지만, 유전적으로 타고난 부분은 태어날 때부터 아니 수정될 때부터 이미 모두 정해져 있으므로 바꿀 수 없다. 조금은 잔인한 이야기다.

하지만 이제 유전자 자체를 수정할 수 있는 시대가 왔다. 특정 유전자를 싹둑 잘라 버릴 수 있는 유전자 가위가 등장했기 때문이다.

2020년 미국의 생화학자 제니퍼 다우드나와 프랑스의 생화학자 에마뉘엘 샤르팡티에가 새로운 유전자 가위 '크리스퍼-카스나인 CRISPR-Cas9'을 발견한 공로로 노벨화학상을 받았다. 유전자 가위를 '만든' 게 아니라 '발견'했다고 표현한 건 이 가위를 만든 게 사람이 아니기 때문이다.

이 놀라운 가위를 만든 존재는 누구일까? 신? 아니다. 외계인? 아니다. 바로 우리 주변에 우글거리고 있는 작은 생물, 세균(박테리아)이다. 세균이라고 하면 아무래도 부정적인 이미지가 주로 떠오르는데, 그런 세균이 만든 가위를 유전자 편집에 사용한다니 흥미롭다.

이 세상에는 세균이 엄청나게 많다. 그리고 그 세균을 숙주로 살아가는 '박테리오파지'라는 바이러스 역시 엄청나게 많다. 박테리오파지라는 이름 자체가 '세균을 잡아먹는 자'라는 뜻이다. 줄여서 '파지'라고 부른다(참고로 세균과 바이러스의 차이는 284쪽에서 다룬다).

파지는 세균에 기생할 때 먼저 꼬리 쪽에 있는 문어발 같은 섬유로 세균 표면에 달라붙는다. 하지만 흔히 떠올리는 기생 식물처럼 세균으로 직접 들어가지는 않는다. 그 대신에 머릿속에 있던 DNA를 꼬리를 따라 내려보내서 세균 속으로 집어넣는다. 그다음 세균의 DNA는 분해해 버리고, 자기 DNA를 세균 몸 속에서 복제해서 늘려 간다.

그러고 나서는 복제한 DNA로 파지의 몸 껍질들을 만든다. 마침

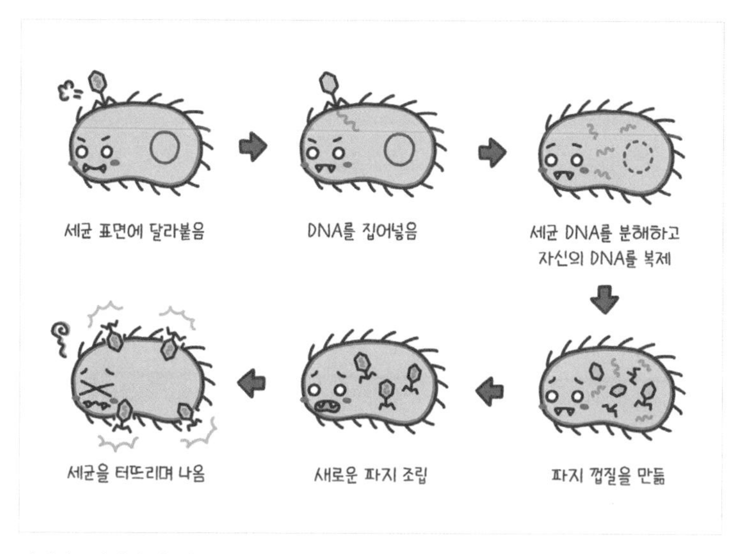

박테리오파지가 세균을 숙주로 삼는 과정이다.

내 몸 껍질 안으로 DNA가 들어가고 조립되면서 새로운 파지들이 탄생한다. 새로 만들어진 파지들은 배은망덕하게 세균을 터뜨리면서 바깥세상으로 나온다.

중요한 건 지금부터다. 당하고만 있을 수 없던 세균도 파지에 대항해 면역 시스템을 가동한다. 파지의 공격을 받았지만 겨우 살아남은 세균은 파지의 DNA 일부를 잘라서 '크리스퍼'라는 비어 있는 반복 염기서열에 저장해 둔다. 이후에 또 다른 파지가 공격해 오면 그 파지의 DNA도 잘라서 옆 칸에 저장해 둔다. 이런 식으로 세균의 크리스퍼에는 파지들의 DNA 정보가 차곡차곡 저장된다.

세균에게 크리스퍼란 자신을 괴롭힌 나쁜 놈을 잊지 않기 위해 몽타주를 꼼꼼히 기록해 둔 일기장과 같다. 나중에 어떤 파지가 공격해 와서 DNA를 주입하면 세균은 일기장을 들춰내어 저장해 둔 DNA와 새로 들어온 DNA를 비교한다.

두 DNA가 일치하는 경우 적의 DNA라는 걸 알아내고 행동을 취한다. 먼저 '가이드RNA'라는 물질을 내보내서, 파지의 DNA 중에 크리스퍼에 저장해 놓았던 DNA 조각과 일치하는 부분에 달라붙게 한다. 그런 다음 '카스나인'이라는 효소를 내보내서 가이드RNA가 달라붙어 있는 부분만 깔끔하게 잘라 낸다. 잘린 파지의 DNA는 증식하지 못하고 사라져 버린다.

이 면역 시스템은 파지의 DNA 가운데 가이드RNA가 달라붙은 부분만 깔끔하게 잘라 낸다. 그렇다면 이 가이드RNA만 잘 조절하면 DNA에서 원하는 부분을 자유자재로 잘라 낼 수 있지 않을까? 그렇게 과학자들은 세균의 면역 시스템을 이용해 사람과 동물의 DNA를 손쉽게 잘라 내는 유전자 가위를 개발했다. 이것이 바로 3세대 유전자 가위인 크리스퍼-카스나인이다.

이전에도 1세대 ZFN, 2세대 TALEN 등 유전자 가위가 존재했지만, 3세대 크리스퍼-카스나인은 유전자 편집 분야에 그야말로 혁명을 일으켰다. 이 혁신적인 기술 덕분에 유전자 편집 비용이 99% 이상 감소했고 편집에 걸리는 시간도 1년에서 몇 주 수준으로 줄어들었다. 150만 년 전에 주먹도끼로 고기를 자르던 우리의 손에는 이제 자기 자신의 유전자를 자르는 가위가 들려 있다.

크리스퍼 베이비

1997년에 개봉한 SF 영화 〈가타카(1997)〉는 사람들이 유전자 편집을 거쳐 태어나는 미래를 배경으로 한다. 키, 외모, 신체 능력 등 모든 것을 미리 결정한 뒤 인공 수정을 해서 완벽에 가까운 사람들이 태어난다.

그 가운데 주인공은 드물게 자연 임신으로 태어난 아이이다. 우주

비행사가 되기를 꿈꾸지만, 타고난 유전자로 모든 것이 결정되는 사회이다 보니 유전자 수준에서 이미 부적격자 판정을 받는다. 원하는 직업을 갖고 싶어도 면접을 보기는커녕 1차 서류 심사를 받을 기회도 없는 셈이다.

영화가 그리는 미래가 점점 더 가까워지고 있다. 2018년 전 세계 과학계가 발칵 뒤집히는 사건이 발생했다. 중국 난팡과학기술대학교의 허 젠쿠이 교수가 크리스퍼-카스나인 기술을 이용해 세계 최초로 유전자를 편집한 맞춤 아기, 크리스퍼 베이비를 탄생시킨 것이다.

젠쿠이는 루루와 나나라는 쌍둥이가 HIV바이러스에 감염되지 않도록 배아 세포에서 CCR5라는 유전자를 제거했다. 이 사건으로 젠쿠이는 교수직에서 해임되고 3년 동안 감옥살이를 했다.

현재 전 세계 모든 국가는 인간의 유전자를 편집하는 일을 금지하고 있다. 앞에서 이야기했듯이 우리는 어떤 유전자가 어떤 기능을 하는지 아직 완벽히 이해하지 못하고 있다. 게다가 유전자 하나가 여러 가지 특성에 관여하기도 하고 한 가지 특성에 유전자 여러 개가 관여하기도 한다. 단순히 어떤 유전자만 바꿔서 어떤 특성만 쏙 골라 바꿀 수 있다고 장담하기 어렵다. 젠쿠이가 제거한 CCR5가 HIV바이러스에 대한 저항력뿐만 아니라 루루와 나나의 다른 특성에 영향을 미칠지도 모르는 일이다.

아직 우리의 지식이 부족한 상황에서 새로운 기술을 섣불리 현실에 적용해선 안 된다. 연구와 실험을 충분히 거치고 안전성을 확보한 다음 전 세계가 힘을 합쳐 관련 정책을 세워 나가야 한다.

그렇다면 먼 미래에는 어떨까? 수술이 안전해지고 가격이 저렴해지면 우리가 지금 병원에 가서 받는 평범한 치료처럼 유전자 편집도 우리 삶의 일부가 될까? 이 놀라운 기술을 언제까지나 금지만 할 수는 없을 것이다. 언젠가는 상용화가 될 것이다.

유전자 가위의 잠재력은 무궁무진하다. 다양한 질병 심지어는 인류 최대의 적인 암을 정복하게 될 수도 있다. 유전자 편집이 의학 분야에 미치는 긍정적 효과는 엄청날 것이다.

여기서 질문을 하나 던지게 된다. 치료 목적을 넘어서 영화 속 세상처럼 신체 능력이나 외모까지 원하는 대로 설계하는 건 어떨까? 설문조사에 따르면 사람들은 대부분 유전자 편집 기술을 질병 치료에 사용하는 데에는 찬성하지만 그 외에 신체 능력이나 외모를 바꾸는 데 사용하는 건 반대한다.

후천적으로 칼을 대서 쌍꺼풀을 만드는 수술은 인정하면서 선천적으로 유전자를 편집해 쌍꺼풀을 만드는 건 인정하면 안 되는 것일까? 유전병으로 평생 고통받는 사람들을 치료해 주는 건 좋은 일이지만 사회가 일반적으로 '못생겼다'고 여기는 요소를 모두 타고나서 정신적으로 평생 고통받는 사람들을 바꿔주는 건 나쁜 일일까? 어디까지를 치료로, 어디까지를 미용으로 인정해야 할까? 우리가 명확한

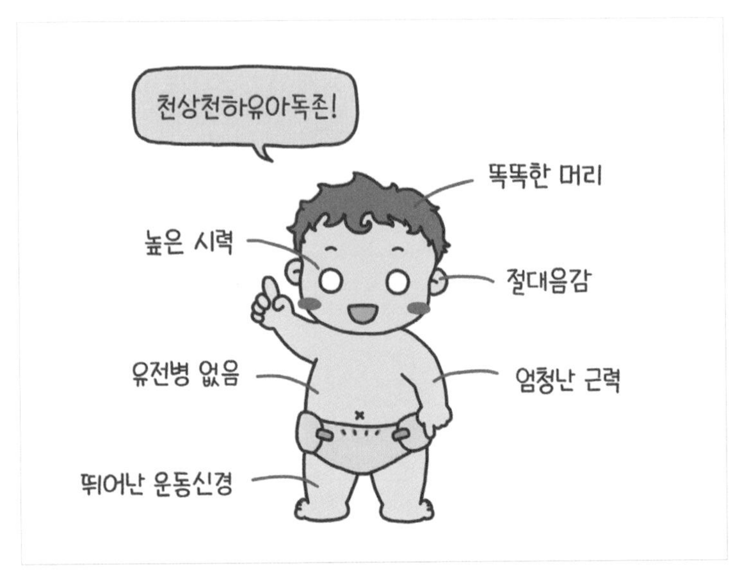

미래에는 유전자를 편집해 최고의 조건을 갖추도록 아기를 설계하는 일이 평범한 일상이 될지도 모른다.

경계선을 그을 수 있을까?

유전자를 편집해 외모를 바꾸는 일을 허용하자는 이야기가 아니다. 새로운 기술을 우리 사회에 적용할 때는 새로운 관점으로 새로운 기준을 정립해 나가야 한다는 점을 이야기하고 싶다.

과거를 되돌아 보면 우리가 현재 믿고 있는 윤리나 평등 같은 개념도 시대에 따라 조금씩 수정됐다. 미래에는 부모가 아기를 미리 설계하지 않으면, 불평등한 신체 조건을 안고 태어나 불행한 인생을 살도록 방치하는 거라고 비윤리적이라고 여길지도 모를 일이다.

우리의 유전자에는 다정함이 깃들어 있다

다윈의 진화론과 함께 유명해진 '적자생존'이라는 표현이 있다. 딱 들었을 때 약한 자는 도태되고 강한 자만이 살아남는다고 느끼게 한다. 수십 년 동안 과학 분야 베스트셀러에서 내려올 생각을 하지 않는 리처드 도킨스의 《이기적 유전자(홍영남, 이상임 옮김, 을유문화사, 2023)》의 어감도 마찬가지다. 생명은 근본적으로 이기적이고, 자신만을 생각하며 남과 경쟁하며 살아남았다는 인식을 남긴다. 하지만 이러한 해석은 원래 다윈이나 도킨스가 의도했던 바와 다르다.

우리는 분류학적으로 호모 사피엔스다. 사람 속(호모)이라는 조금 더 큰 범주에 속하는 하나의 종이다. 과거에는 다른 사람 종도 우리와 함께 지구에 살고 있었다. 하지만 지금은 전부 멸종하고 우리만 살아남았다.

호모 사피엔스가 유일하게 살아남아 오늘날까지 왕좌를 차지할 수 있었던 이유는 무엇일까? 다른 종보다 더 강했기 때문일까? 아니면 다른 종보다 더 똑똑했기 때문일까?

다른 종을 잘 살펴보면 꼭 그렇지만도 않다는 걸 알 수 있다. 예를 들어 약 190만 년 전에 등장한 호모 에렉투스는 용맹한 전사들이었다. 그 옛날에 아프리카를 떠나 지구 여기저기로 모험을 떠났고, 다양한 환경에서 끈질기게 적응하며 살아남았다.

이 옛날 사람들은 머리도 좋았다. 아슐리안 석기를 개발한 것도, 처음으로 불을 사용한 것도 호모 에렉투스였다. 최초로 집도 짓고 살았던 것으로 추측된다.

또 다른 예로 호모 사피엔스와 비슷한 시기에 등장해 마지막까지 경쟁했던 호모 네안데르탈렌시스를 살펴보자. 이들은 다부진 체격을 지닌 사냥꾼이었다. 주로 육식을 했으며 자신들보다 훨씬 덩치가 크고 힘이 센 매머드 같은 동물도 잡아먹었다.

뇌 크기만이 지능을 결정하는 건 아니지만 호모 네안데르탈렌시스는 지금 우리보다도 뇌가 더 컸다. 장신구로 자신을 꾸미고 그림을 그리고 음악을 즐길 줄 알았다. 귀와 목의 생김새를 봤을 때 언어로 소통도 했을 것으로 보인다.

그렇다면 이들과 구별되는 우리 종의 특별함은 무엇이었을까? 그 해답의 일부는 우리의 '다정함'에 있다. 우리는 서로 친밀감을 느끼고 서로 믿고 서로 도울 줄 안다. 하나의 목표를 달성하기 위해 협력하고 소통할 줄 안다.

혼자보다 10명이 모이면 또 10명보다 100명이 모이면 더 큰 힘을 발휘한다. 그렇게 우리는 다른 종보다 큰 집단을 형성하면서 우위를 차지했고, 서로 힘을 합쳐 어려운 환경에서도 살아남았다.

물론 여기서 말하는 '다정함'은 그저 따뜻하고 달콤하기만 한 감정은 아니다. 결국 모든 생물의 목적은 생존과 번식이다. 다정함 역시 궁극적으로는 우리가 종 수준에서 생존하고자 선택한 이기적인 전략이다. 그 결과 우리를 향한 다정함은 다른 종에 대한 잔인함으로 나타나기도 한다.

하지만 어쨌든 우리는 '우리'라는 울타리 안에서 다정하게 행동한다. 그리고 중요한 건 과거를 돌아봤을 때 '우리'라는 개념이 넓으면 넓을수록 생존에 유리했다는 거다.

무서운 맹수들 틈에서 홀로 사투를 벌일 때보다 부족 사회를 이루고 협력할 때가 더 살아남기 쉬웠다. 또 부족끼리 끊임없이 싸울 때보다 국가를 이루고 같은 사회적 약속 아래 힘을 모을 때가 더 삶이 안정됐다.

어쩌면 지금 우리도 '우리'의 범주를 계속 넓혀 가야 한다는 의미일지도 모른다. 나 하나보다는 지역 사회를 생각하고 나라를 생각하며 나아가 지구 전체를 생각하는 행동을 해야 한다는 의미일지도 모른다. 기후 위기처럼 범지구적인 문제에 직면한 지금, 우리 종 전체가 '우리'라는 유대감을 느끼고 힘을 합쳐야만 살아남을 수 있다는 의미일지도 모른다.

미국의 천문학자 질 타터는 만약 우리가 외계 지적 생명체를 마주친다면, 그 외계인들은 우리에게 적대적일 확률보다 호의적일 확률이 더 높을 거라고 했다. 우리와 만날 수 있을 만큼 수준 높은 기술을 지녔다는 건 그만큼 오랜 기간을 살아남으면서 지식을 축적하고 문명을 발전시켜 왔다는 뜻이다. 그러기 위해서는 그 외계인들도 서로 협력하고 소통하는 '다정함'을 간직하고 있을 확률이 높다는 게 타터의 주장이다.

오늘날 주위를 둘러보면 흉흉한 뉴스가 판을 친다. 국제 사회에

우리가 외계 지적 생명체를 마주친다면, 그 외계인들은 우리에게 적대적일 확률보다 호의적일 확률이 더 높을지도 모른다.

는 팽팽한 긴장이 감돌고 전쟁이 끊이지 않는다. 이런 상황에서 우리의 유전자 안에 다정함이 깃들어 있다는 고인류학의 주장은 온 인류에게 중요한 메시지를 던진다. 우리가 앞으로 어떻게 살아가야 할지를 결정하려면 우리가 이제껏 어떻게 살아남았는지를 제대로 이해할 필요가 있다.

기후에 대하여

#코로나19가 기후 변화 때문이라고? #온실기체는 특별해
#수십만 년 전 지구 온도는 어떻게 측정할까 #방귀 뀐 놈이 세금 낸다
#지구를 지키는 바다 #우리가 지구에 남긴 흔적들

코로나19가 기후 변화 때문이라고?

그런데 박쥐는 면역 체계가 둔해서
코로나바이러스를 몸에 지니고 살아.

박쥐 한 종당 평균 2.7종의
코로나바이러스를 보유하고 있어!

기후 변화로 지구가 따뜻해지면서
최근 100년 동안 중국 남부 지역에
박쥐 40여 종이 새로 유입됐어.

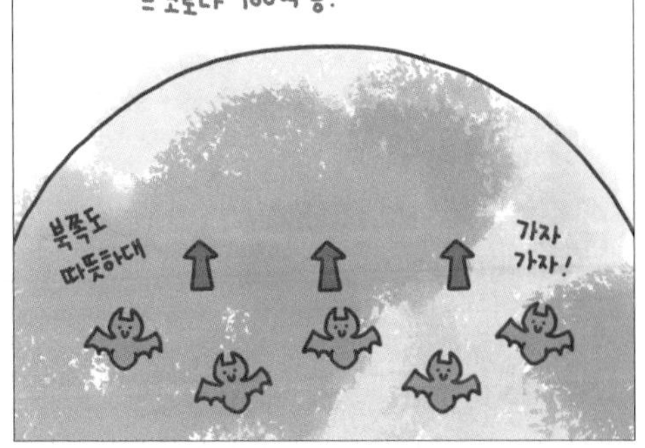

온대 지방엔 사람이 많이 살아서
사람과 야생 동물이 접촉할 확률도 높아.

코로나뿐만이 아니야.
예를 들어 열대 지방에만 있던
말라리아 같은 전염병도 널리 퍼질 거야.

북극 빙하가 녹으면서
그 안에 갇혀 있던 박테리아가
공기 중으로 퍼질 수도 있지.

앞으로 코로나 같은 펜데믹은
정말 흔한 뉴노멀이 될지도 몰라!
뜨거워

코로나바이러스는 어디서 왔을까

2019년 말 코로나바이러스감염증-19(줄여서 코로나19)가 중국 우한에서 처음으로 보고됐다. 이 전염병의 주범은 지름이 머리카락 굵기의 1,000분의 1 정도 되는 엄청나게 작은 바이러스다(약 0.0000001m). 혼자서는 움직이지도 못하는 이 바이러스는 이내 전 세계로 퍼져 나가 온 인류의 삶을 송두리째 뒤흔들었다. 도대체 정체가 뭘까?

먼저 사람들이 많이 헷갈리는 개념을 하나 살펴보자. 바로 박테리아(세균)와 바이러스의 차이다. 박테리아는 세포 하나로 이루어진 단세포 생물이다. 세포 안에 핵도 따로 없는 가장 단순한 형태지만, 엄연한 생물이다.

한편 바이러스는 DNA나 RNA 같은 유전 물질을 단백질이 둘러싸고 있는 더 작고 간단한 구조체다. 혼자서는 생명 활동을 하지 못하므로 생명체로 분류하기 힘들다. 하지만 살아 있는 숙주를 만나면 그 안에 기생해서 생명체처럼 번식하고 진화할 수 있다. 생물도 미생물도 아닌 중간에 낀 애매모호한 존재라고 할 수 있다.

코로나바이러스는 호흡계 및 소화계 감염병을 일으키는 바이러스다. 가장 중요한 유전 물질을 외막이 둘러싸고 있고 그 위로 숙주 세포와 결합할 때 쓰이는 돌기단백질이 뾰족뾰족 돋아 있다. 그 모습이 마치 왕관을 쓴 것 같아 '코로나corona(라틴어로 왕관이라는 뜻)'라는 이름이 붙었다. 과거에 대유행했던 사스SARS(중증급성호흡기증후군)와 메르스MERS(중동호흡기증후군) 역시 코로나바이러스가 원인이었다. 코로나바이러스는 종류가 매우 다양하다. 주로 동물을 숙주로 삼지만, 코로나19를 보면 알 수 있듯이 사람도 숙주가 될 수 있다.

사람마다 조금씩 증상이 다르지만, 대부분 코로나19에 걸리면 아프다. 열이 나고 기침이 난다. 우리 몸속의 면역 체계가 밖에서 들어온 바이러스와 열심히 싸우면서 일어나는 현상이다.

그런데 코로나19의 자연 숙주로 여겨지는 박쥐는 사람보다 면역 체계가 둔감해 바이러스가 몸속에 들어와도 아프지 않고 멀쩡하다. 그래서 바이러스의 핵심 숙주로 언제나 박쥐가 등장한다.

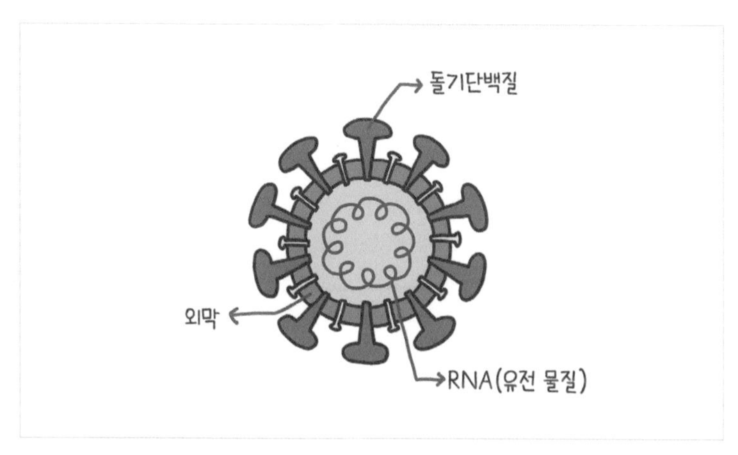

왕관을 쓴 것 같은 코로나바이러스다.

박쥐는 주로 무더운 열대 지방에 서식한다. 그런데 최근 흥미로운 연구 결과가 보고됐다. 영국 케임브리지대학교와 미국 하와이대학교의 연구진에 따르면, 지난 100년간 지구 온도가 상승하면서 중국 남부와 인근 미얀마, 라오스 지역이 박쥐가 서식하기 더 좋은 환경으로 변했다. 그 결과 열대 지방에 서식하던 박쥐들이 점차 북쪽으로 올라오기 시작했다. 유입된 박쥐는 40여 종이었다. 박쥐 1종에 코로나바이러스 2.7종을 지니고 있다고 하니, 코로나바이러스 100여 종이 유입됐다는 뜻이기도 하다.

무시무시한 이야기다. 우리를 괴롭힌 코로나19는 이 100여 종 가운데 하나일 뿐이었다. 앞으로 더 많은 바이러스성 전염병이 먹구름처럼 몰려올 수 있다. 전 세계를 공포로 몰아넣는 전염병이 창궐하는 건 영화에서나 볼 법한 일이라고, 아니면 위생 관념이 부족했던 과거에나 일어났던 일이라고 생각했지만, 코로나19가 발발하면서 현실이 됐다. 그리고 이제 시작일 뿐이다. 앞으로는 마스크를 하고 사람들과 거리를 두며 살아가는 게 새로운 일상, 뉴노멀이 될 수 있다. 그리고 이런 끔찍한 시나리오의 배후에는 바로 기후 변화가 있다.

모기는
연쇄 살인범?

최근 몇 년간 초겨울이 되도록 따뜻한 날씨가 이어지면서 12월까지도 모기가 기승을 부리고 있다. 귓가에서 끊임없이 앵앵거리며 달콤한 밤잠을 방해하는 모양새가 여간 귀찮은 게 아니다. 하지만 이 정도 피해는 귀여운 수준이다.

모기는 우리가 생각하는 것보다 훨씬 더 무서운 존재다. 세계보건기구WHO의 자료를 바탕으로 사람을 가장 많이 죽이는 동물에 순위를 매겨본 결과 3위는 뱀, 2위는 사람, 대망의 1위가 바로 모기였다. 이 작은 곤충 때문에 매년 무려 72만 5천 명이 목숨을 잃는다. 3위인 뱀이 약 5만 명, 2위인 사람이 약 47만 5천명으로, 1위인 모기가 다른 존재들보다 압도적으로 높다.

모기는 동물 땀에서 나는 젖산 냄새나 이산화탄소 냄새를 맡고 멀리서부터 날아온다. 주둥이에 달린 뾰족한 바늘 맨 끝에는 피 냄새를 맡을 수 있는 후각수용체가 달려 있다. 그 덕분에 피부 아래에 숨겨진 혈관의 위치를 정확히 찾아내 바늘을 꽂고 피를 빤다. 그렇게 식사를 마치고 유유히 사라지기까지 단 30초면 충분하다.

이때 모기는 단순히 빨대 같은 바늘 하나만으로 피를 빨아먹는 게 아니다. 모기 바늘은 총 6개로 나뉘어져 있고, 평소에는 아랫입술 안에 넣고 있다. 피부 위에 앉은 모기는 먼저 톱날침 2개로 피부를 쓱쓱 썰어서 뚫고 들어간다. 그다음 바늘침 2개로 피부에 파놓은 구덩이를 벌려 고정한다. 나머지 바늘 두 개 중 하나인 흡혈관은 빨대처럼 혈관에 꽂아 피를 빨아 먹는 데 쓰이고, 또 다른 하나인 타액관은 우리 몸속으로 침을 흘려 넣는 데 쓰인다.

모기의 침에는 통증을 느끼지 못하게 하는 마취 물질, 마취 물질이 빠르게 퍼지게 하는 확산 물질, 피가 잘 빨리도록 혈관을 확장하는 물질, 피가 굳는 것을 방지하는 항응고 물질 등 다양한 성분이 들어 있다. 이렇게 침을 주입하는 과정에서 말라리아, 뎅기열, 뇌염 등 수많은 전염병을 옮기고 끝내 사람의 목숨을 앗아가기도 한다.

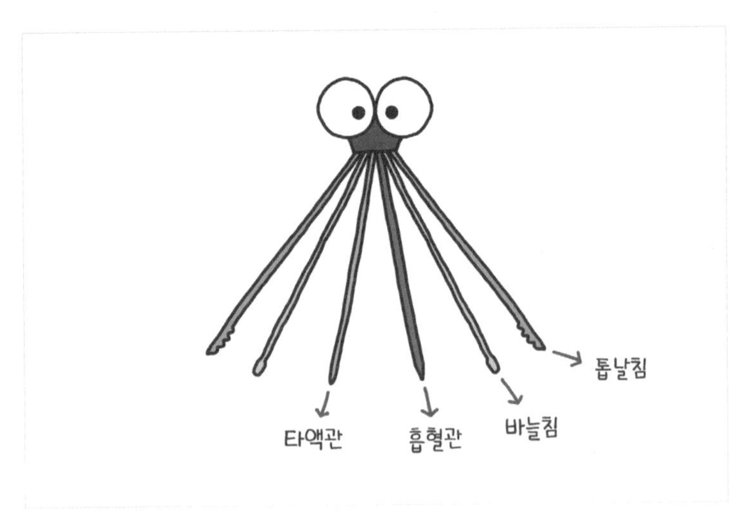

모기의 바늘은 총 6개다.

모기가 옮기는 질병 중에서도 가장 주목해야 할 게 바로 말라리아다. 말라리아는 원충에 감염된 모기에게 물렸을 때 발생하는 급성 열성 감염병이다. 우리나라에도 토착 말라리아가 있는데, 이는 '삼일열 말라리아'라는 종류로 치사율이 낮고 치료도 쉽다. 하지만 열대지방에서 주로 발생하는 '열대열 말라리아'는 매년 전 세계적으로 수억 명을 감염시키고 수십만 명의 목숨을 앗아가는 치명적인 질병이다. 그 심각성을 널리 알리기 위해 4월 25일을 '세계 말라리아의 날'로 지정하고, 국제적으로 해결 방안을 모색하고 있다.

사실 아프리카나 동남아시아로 여행을 가지 않는 이상, 대한민국에서 이 책을 읽고 있는 우리는 열대열 말라리아에 걸릴까 봐 걱정하지는 않는다. 하지만 지구 온도가 올라가 박쥐의 서식지가 바뀐 것처럼 말라리아를 옮기는 모기의 활동 반경도 넓어진다면, 그래서 우리나라에서마저 치명적인 질병을 옮기기 시작한다면 어떨까?

실제로 따뜻해진 기온 때문에 히말라야의 고지대 마을에도 모기가 출현하면서 전에 없던 말라리아나 뎅기열이 발병하는 사례가 늘고 있다. 어쩌면 멀지 않은 미래에는 온 지구가 말라리아의 공포에 떨지도 모르는 일이다.

얼음 속
고대 바이러스가 깨어난다

스티븐 스필버그의 영화 〈쥬라기 공원(1993)〉에서는 공룡 피를 빨아 먹은 뒤 호박 보석 속에 갇힌 모기에서 공룡의 DNA를 추출해 공룡을 부활시키는 장면이 등장한다. 그러나 실제로는 불가능한 일이다. 제아무리 손상을 막아 주는 호박 속에 갇혔더라도 100만 년 이상 지나면 유전자가 생존하기 어렵다. 하지만 영롱한 노란빛 호박 속에 모기가 박혀 있는 경이로운 장면은 오늘날까지도 고대 생물 복원의 상징으로 남아 있다.

〈더 소우 - 해빙(2009)〉, 〈더 씽(2012)〉, 〈블러드 글래서: 알프스의 살인 빙하(2013)〉와 같은 2000년대의 공포 영화에는 호박이 아니라 차가운 얼음 속에 잠들어 있던 괴물들이 등장한다. 징그러운 기생충이나 외계에서 온 생명체가 꽁꽁 얼어 있다가 깨어나 사람에게 위협을 가한다.

그러나 단지 영화 속의 일로만 치부하기에는 공포가 현실이 되고 있다. 2016년 8월, 러시아 시베리아 지역의 야말로네네츠 자치구에서 탄저병이 발발했다. 탄저병은 생명력이 강한 박테리아인 탄저균이 피부, 호흡기, 소화기 등을 통해 동물이나 사람의 몸에 침입해 일으키는 급성 감염병이다. 이 사건으로 무려 순록 2,300여 마리가 떼죽음을 당했다. 지역 주민도 무사하지 못했다. 총 8명이 감염됐고 12

세 목동 한 명이 어린 나이에 세상을 떠났다.

그런데 한 가지 이상한 점이 있다. 이 지역에서 마지막으로 탄저병이 발발했던 건 1941년이었다. 70여 년 전 할머니 어렸을 적에나 유행하던 역사 속 전염병이었다는 뜻이다. 몇 세대 간 잠잠하다가 왜 갑자기 과거의 전염병이 다시 휘몰아친 걸까?

과학자들은 기온이 올라가면서 녹은 영구동토를 원인으로 보고 있다. 탄저병으로 죽은 뒤 영구동토 속에 얼어붙어 있던 순록 사체가 세상 밖으로 드러나면서 그 안에 있던 탄저균이 퍼져 나갔다는 거다.

영구동토는 이름에서 유추할 수 있듯이 영원히 얼어 있는 땅으로 주로 러시아, 알래스카, 캐나다 북부에 분포한다. 영구동토대의 단면을 보면, 표면 바로 아래에는 계절에 따라 녹았다 얼었다 하는 활

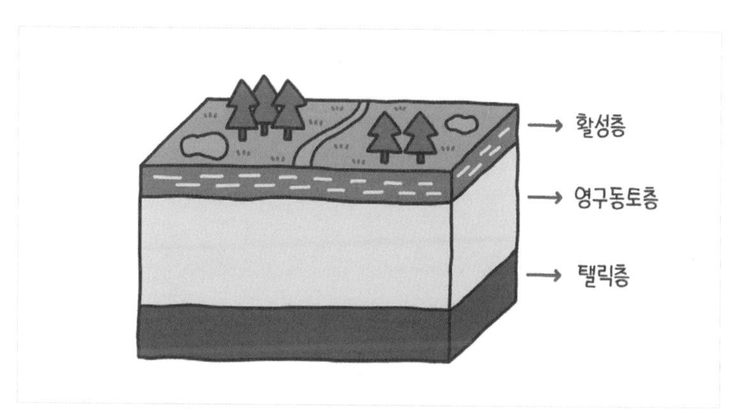

영구동토대의 단면도다.

성층이 있고, 그 아래에 1년 내내 얼어 있는 영구동토층이 있다. 더 아래에는 얼지 않은 땅인 탤릭층이 있다.

최근 지구 온도가 높아지면서 원래는 녹지 않은 땅이어야 할 영구동토층이 녹고 있다. 기반이 약해져 그 위에서 자라던 나무들이 휘청거리며 쓰러지고 전에 없던 새로운 연못이 생겨나고 있다.

독일 알프레드베게너연구소에서 분석한 결과에 따르면 2007년부터 2016년까지 전 세계 영구동토의 땅속 온도가 평균 0.29℃ 따뜻해졌다고 한다. 지금과 같은 시나리오라면 앞으로 영구동토는 계속 녹아 없어질 것이다.

영구동토 안에는 탄저병뿐만 아니라 무수한 고대 질병들이 부활을 꿈꾸며 잠룡처럼 움츠리고 있다. 실제로 미국 오하이오주립대학교 연구진은 중국 티베트고원의 굴리야 빙하에서 1만 5천 년 전 바이러스를 발견하기도 했다. 총 33개의 바이러스 가운데 28개는 인류가 최초로 접한 종류였다. 또 러시아와 프랑스 연구진은 동시베리아 영구동토에서 무려 3만 년 전에 만들어진 고대 바이러스를 찾아내기도 했다. 영구동토 시료를 녹이자 고대 바이러스들은 무슨 일이 있었냐는 듯 되살아나 숙주 생물인 아메바를 감염시켰다. 오랜 세월이 흘렀지만 여전히 감염성을 잃지 않은 것이다.

현대의 인류는 태어나 단 한 번도 만난 적 없는 고대 미생물과 바이러스에 과연 얼마나 잘 대비할 수 있을까?

온실기체는 특별해

온실기체는 왜
열을 가두는 걸까?

지구에서 우주로 나가는 열을 흡수해
온실효과를 일으키고
지구를 뜨겁게 만드는 온실기체!
냠♡
C

그런데 왜 지구 대기의 99%를 차지하는
질소와 산소는 열에너지를 흡수하지 않고,
이산화탄소, 메테인 같은 온실기체만
열에너지를 흡수할까?

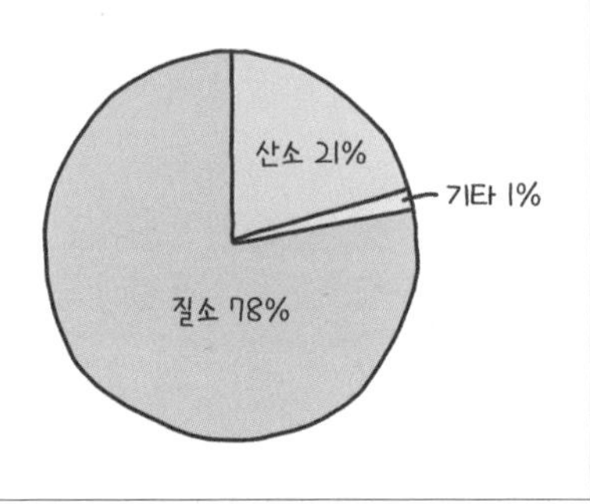

기체 분자는 원자들로 이루어져 있어.
분자로 결합하는 방법 중 하나는 공유결합이야.
전자가 부족해서 불안정한 원자들이
갖고 있던 전자 일부를 공유하면서 결합해.

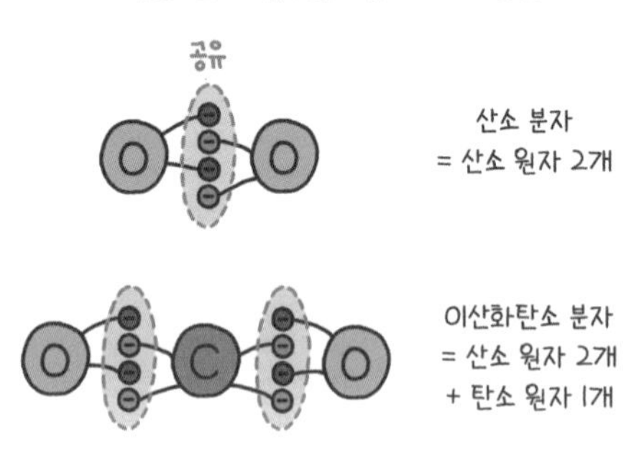

이때 같은 산소 원자끼리는
음전하인 전자를 끌어당기는 힘이 동일해.
그래서 산소 분자 안에서는
음전하가 한쪽으로 치우치지 않아.

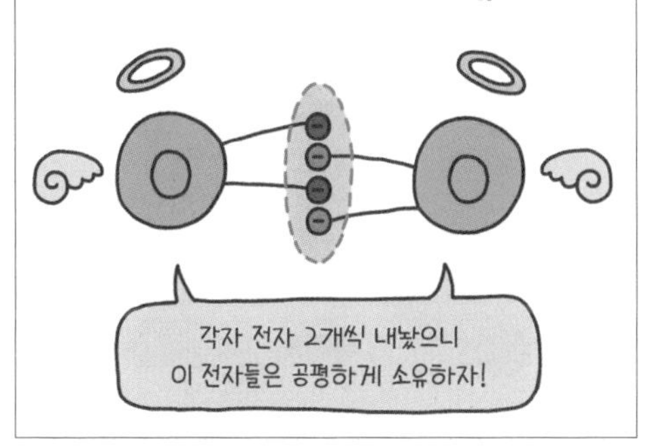

그런데 탄소 원자는 산소 원자보다
전자를 끌어당기는 힘이 약해.
그래서 이산화탄소 분자에서는 아주 살짝
탄소 원자는 양전하, 산소 원자는 음전하를 띠지.

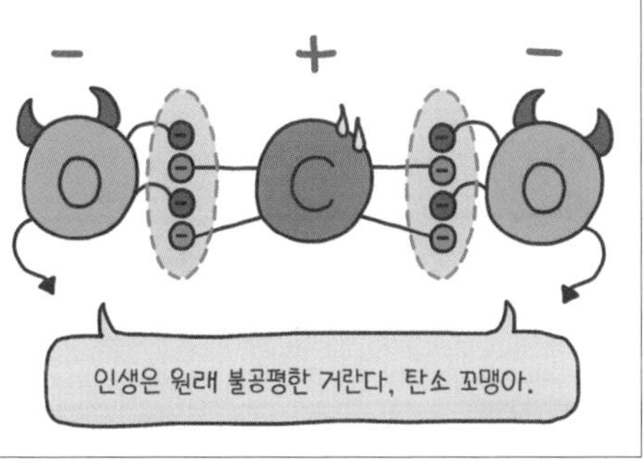

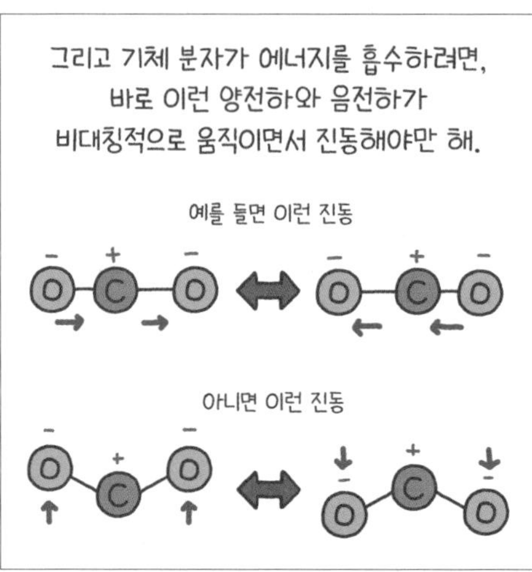
그리고 기체 분자가 에너지를 흡수하려면,
바로 이런 양전하와 음전하가
비대칭적으로 움직이면서 진동해야만 해.
예를 들면 이런 진동
아니면 이런 진동

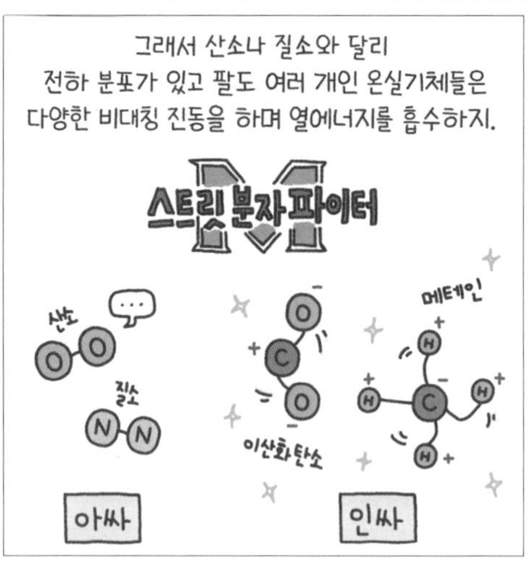
그래서 산소나 질소와 달리
전하 분포가 있고 팔도 여러 개인 온실기체들은
다양한 비대칭 진동을 하며 열에너지를 흡수하지.
스트리트 분자 파이터
산소
질소
이산화탄소
메테인
아싸
인싸

온실기체 6총사

기후 변화를 막으려면 온실기체 배출량을 줄여야 한다는 이야기를 많이 들어 보았을 것이다. 온실기체가 정확히 뭘까?

온실기체는 말 그대로 온실 효과를 일으키는 기체들이다. 지구는 태양으로부터 에너지를 받는다. 자체적으로 에너지를 내는 태양은 주로 파장이 짧고 에너지가 높은 전자기파(자외선, 가시광선)를 내보낸다. 지구가 무작정 태양열을 받기만 한다면, 무한대로 뜨거워질 것이다. 지구 역시 받은 열을 우주 밖으로 내보낸다. 지구가 내보내는 전자기파는 상대적으로 파장이 길고 에너지가 낮다(적외선). 이 두 에너지가 평형을 이루면서 지구의 평균 온도가 결정된다.

이때 대기에 있는 온실기체들은 지구에서 우주로 날아가는 에너지를 흡수해 가두었다가 다시 방출한다. 온실기체가 방출하는 에너지는 모든 방향으로 나아가므로 일부가 우주로 날아가는 대신 지구로 다시 흡수되면서 지구 온도가 올라간다. 온실기체가 비닐하우스처럼 지구를 감싸 따뜻한 온실로 만드는 것이다.

대표적인 6대 온실기체는 이산화탄소CO_2, 메테인CH_4, 아산화질소N_2O, 수소불화탄소HFCs, 과불화탄소PFCs, 육불화황SF_6이다. 사실 온실효과에 기여를 가장 많이 하는 기체는 다름 아닌 수증기H_2O다. 하지만 수증기는 온실기체에 포함하지 않는다. 바다에서 증발해 구름이 되었다가 다시 비가 되어 바다로 들어가는 물 순환의 일부로, 인간 활동으로 양이 증가하거나 감소하지 않기 때문이다(사실 이렇게 자연적인 온실 효과가 없었다면 지구는 대기가 없는 달처럼 온도가 영하로 떨어져 생명이 살기 힘든 환경이 됐을 것이다). 우리 인간의 활동으로 급격히 증가한 기체, 우리가 활동을 멈추면 다시 줄어들 기체만을 온실기체라 부른다.

그러면 수증기를 뺀 다른 온실기체 중에서는 누가 제일 강력할까? 이를 비교하기 위해 과학자들은 지구 온난화 지수라는 지표를 사용한다. 이산화탄소가 지구 온난화에 미치는 영향을 1이라고 했을 때, 다른 온실기체들의 위력을 숫자로 나타낸 것이다.

메테인의 지구 온난화 지수는 21이다. 같은 양이 있을 때 이산

6대 온실기체의 지구 온난화 지수와 온실 효과 기여도

<table>
<tr><th>온실기체</th><th>지구 온난화 지수</th><th>온실 효과 기여도 (%)</th></tr>
<tr><td>이산화탄소</td><td>1</td><td>55</td></tr>
<tr><td>메테인</td><td>21</td><td>15</td></tr>
<tr><td>아산화질소</td><td>310</td><td>6</td></tr>
<tr><td>수소불화탄소</td><td>140~11,700</td><td rowspan="3">24</td></tr>
<tr><td>과불화탄소</td><td>6,500~9,200</td></tr>
<tr><td>육불화황</td><td>23,900</td></tr>
</table>

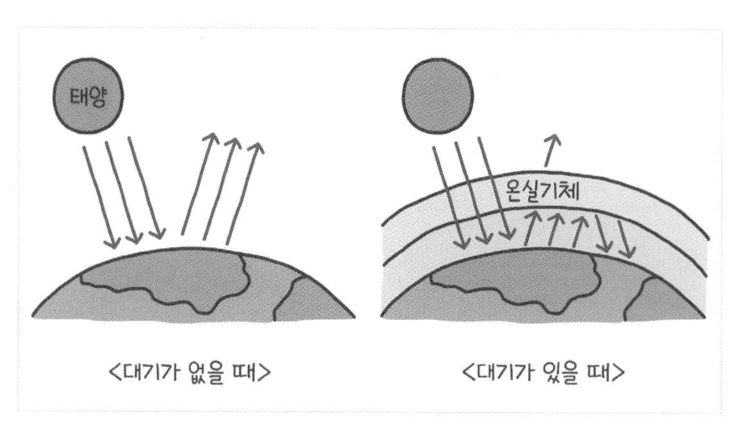

온실기체는 지구에서 우주로 날아가는 열을 가둔다.

화탄소보다 온실 효과가 21배나 강력하다는 뜻이다. 다른 온실기체들은 더 강력하다. 육불화황의 경우에는 지구 온난화 지수가 무려 23,900이다.

이렇게 보면 이산화탄소가 지구 온난화에 미치는 영향이 그리 심각하지 않은 것 같다. 하지만 티끌 모아 태산이라고 이산화탄소는 다른 온실기체와 비교할 수 없을 만큼 배출량이 어마어마하다. 따라서 진정한 온실 효과 기여도를 확인하려면 지구 온난화 지수에 온실기체 배출량을 곱해 줘야 한다. 이렇게 계산한 이산화탄소의 온실 효과 기여도는 약 55%로, 다른 기체들보다 압도적으로 높다.

원자가 모여
분자를 만든다

지구 대기를 구성하는 기체 성분을 살펴보면 질소가 78%, 산소가 21%, 아르곤이 0.9%다. 이산화탄소는 고작 0.04%밖에 되지 않는다. 대기 전체로 보면 이산화탄소의 양은 턱없이 적어 보인다. 문득 궁금해진다. 대기 99%를 차지하는 질소와 산소는 왜 지구가 내보내는 열을 흡수하지 않는 걸까? 온실기체와 비온실기체의 차이는 뭘까?

이를 이해하기 위해서는 기체 분자의 생김새부터 살펴보아야 한다. '분자molecule'는 '원자atom'가 합쳐져 만들어진다. 분자는 뭐고 원자는 뭘까? 먼저 '원자'는 화학적 의미에서 물질을 구성하는 가장 작은 단위다. 먼 옛날 고대 그리스에서 처음 사용한 atom이라는 용어도 더 쪼갤 수 없다는 뜻이다. 현대에 들어 과학이 발달하면서 원자도 더 쪼갤 수 있다는 사실이 드러났는데, 이 이야기는 뒤에서 다시 살펴보자.

원자는 보통 불안정하다. 그래서 더 안정된 상태가 되고자 서로 결합해 분자가 된다. '분자'는 어떤 물질의 특성을 유지한 상태에서 가장 작은 단위다. 예를 들어 물 H_2O 분자는 수소 원자 H 2개와 산소 원자 O 1개로 되어 있는데, 원자 단위로 잘라 버리면 더는 우리가 알고 있는 물의 특성을 지니지 않는다.

비온실기체인 질소 N_2는 질소 원자 N 2개가 결합한 분자고, 산소 O_2

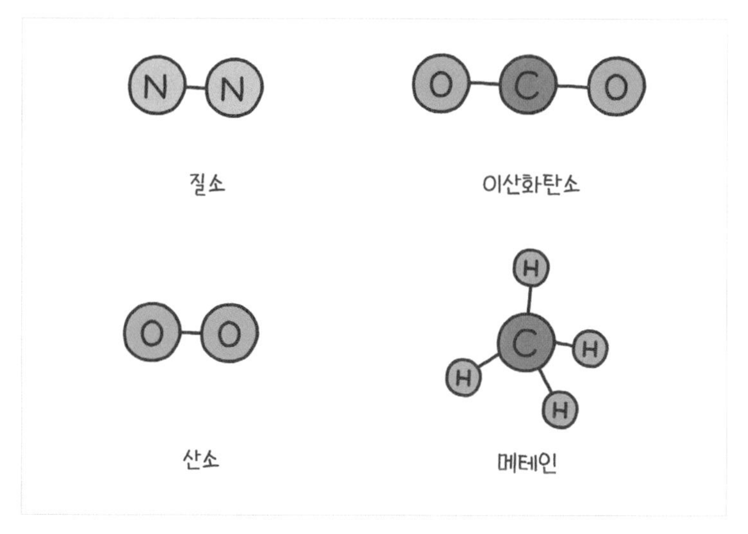

비온실기체인 질소와 산소, 온실기체인 이산화탄소와 메테인의 분자 구조다.

는 산소 원자O 2개가 결합한 분자다. 반면, 온실기체인 이산화탄소 CO_2는 탄소 원자C 1개와 산소 원자O 2개가 결합한 분자고, 메테인CH_4은 탄소 원자C 1개와 수소 원자H 4개가 결합한 분자다.

이렇게 화학식만 보고도 온실기체와 비온실기체의 차이점을 유추할 수 있다. 먼저 원자의 종류(원소)를 보자. 비온실기체는 원자 종류가 1개고, 온실기체는 2개 이상이다. 다음으로 원자의 개수를 보자. 비온실기체는 원자 개수가 2개고, 온실기체는 3개 이상이다. 보통 여러 종류가 여러 개 합쳐져 있으면 온실기체일 확률이 높다. 나머지 온실기체들의 화학식을 봐도 그렇다(N_2O, HFCs, PFCs, SF_6). 복잡한 걸 영 싫어한다면, 온실기체와 비온실기체의 차이를 이렇게만 알고 있어도 충분하다.

전자 한 쪽도 나눠 먹는 사이

이제 비온실기체 중에 산소, 온실기체 중에 이산화탄소를 대표로 골라서 분자구조를 좀 더 자세히 살펴보자.

앞서 말했듯이 산소 분자는 산소 원자 2개로, 이산화탄소 분자는 탄소 원자 1개와 산소 원자 2개로 쪼갤 수 있다. 여기서 한발 더 나아가 원자는 '원자핵'과 '전자'로 쪼갤 수 있다. 원자의 가운데에는 양전하(+)를 띤 원자핵이 있고, 그 주변에는 음전하(-)를 띤 전자들이 퍼져 있다. 자세한 이야기는 이 책의 314쪽에 나와 있지만, 원자는 저마다 보유한 전자의 수가 다르다. 지금 살펴보는 탄소 원자에는 전자가 6개 있고, 산소 원자에는 전자가 8개 있다.

그런데 탄소 원자와 산소 원자는 둘 다 전자가 10개 있어야 안정된 상태가 된다(좀 더 자세히는 303쪽의 그림처럼 안쪽 궤도에 2개, 바깥쪽 궤도에 8개가 있어야 한다. 여기선 중요하지 않다). 그래서 전자를 나눠 쓰기 위해 다른 원자와 결합해 분자가 된다. 이렇게 전자를 공유하는 결

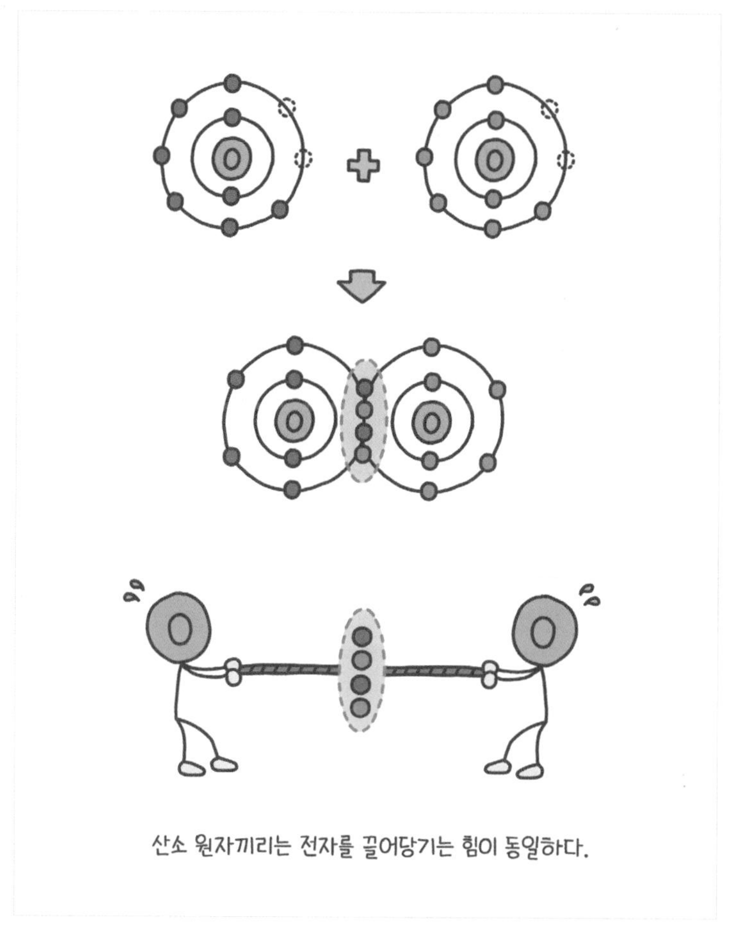
산소 원자끼리는 전자를 끌어당기는 힘이 동일하다.

산소의 공유결합이다.

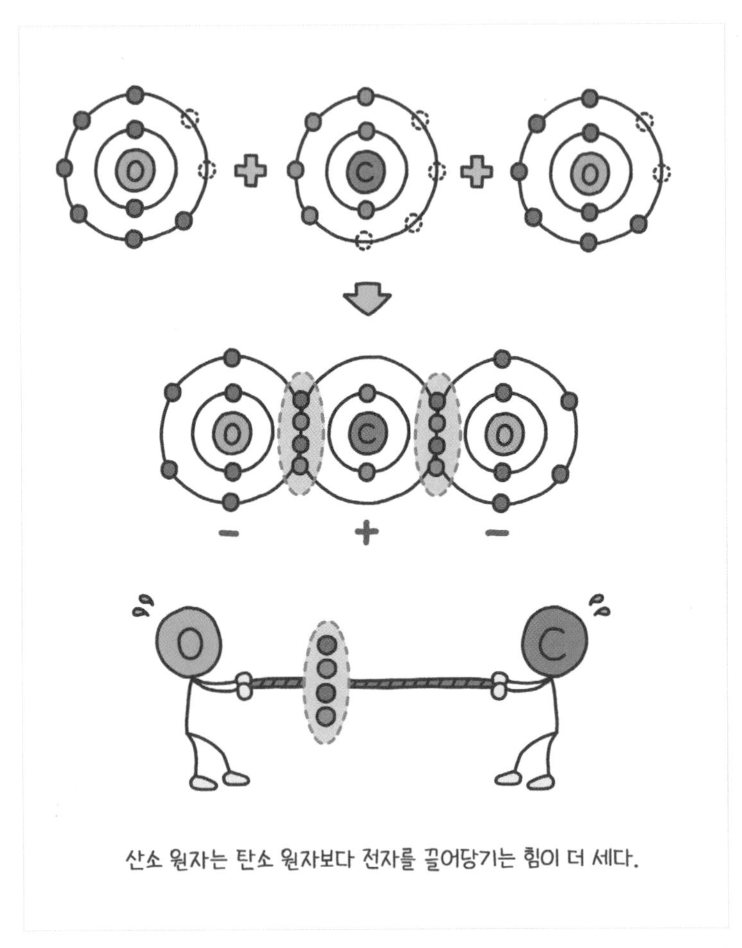

산소 원자는 탄소 원자보다 전자를 끌어당기는 힘이 더 세다.

이산화탄소의 공유결합이다. 전자가 산소 쪽으로 살짝 치우치면서 산소 쪽은 약간 음전하, 탄소 쪽은 약간 양전하를 띤다.

합을 '공유결합'이라고 부른다.

산소 원자 둘이 결합해 산소 분자가 될 때는 전자를 각각 2개씩 내놓아 총 4개를 공유하면서, 두 원자 모두 전자 10개를 채운다. 전자를 돈으로, 원자를 저축 중인 사람으로 생각해 보자. 각각 800만 원씩 모은 두 사람이 있는데, 둘 다 1,000만 원을 소유하고 싶다. 이때 각각 200만 원씩 내놓고 400만 원을 공동명의로 해서 둘 다 수중에 1,000만 원이 있다는 심리적 안정을 얻는 게 공유결합이라고 할 수 있다.

다음으로 이산화탄소 분자를 살펴보자. 탄소 원자는 첫 번째 산소 원자와 각자 전자를 2개씩 내놓아 4개를 공유하고, 두 번째 산소 원자와도 각자 전자를 2개씩 내놓아 4개를 공유한다. 그렇게 세 원자 모두 전자 10개를 채우며 결합한다. 그런데 여러 종류의 원자로 구성된 이산화탄소 분자는 동일한 원자로만 구성된 산소 분자와 다른 점이 있다. 바로 산소 원자가 탄소 원자보다 전자를 끌어당기는 힘이 살짝 더 세다는 점이다. 공동명의긴 하지만 전자를 공평하게 소유하는 게 아니라 산소가 탄소보다 지분을 더 많이 가져간다.

그 결과 전자를 더 가깝게 끌어당긴 산소 쪽은 약간 음전하를 띠고, 반대로 탄소 쪽은 약간 양전하를 띠게 된다. 이 차이가 온실기체를 특별하게 만든다.

에너지를 흡수하는 진동

기체 분자의 생김새를 살펴보았으니 진동에 대해 이해할 차례다. 기체 분자의 진동은 온실 효과를 이해할 때 굉장히 중요하다. 기체 분자들이 다름 아닌 진동을 통해 지구가 내보내는 적외선 열에너지를 흡수하기 때문이다. 이때 기체 분자는 종류에 따라 또 어떤 운동을 하냐에 따라 빠르게 진동하기도 하고, 느리게 진동하기도 한다. 다시 말해 진동수가 다르다. 진동수란 1초에 몇 번 진동하는가를 뜻하며 단위는 헤르츠Hz다.

진동수에 따라 기체 분자가 흡수하는 에너지가 달라진다. 기체가 진동하는 현상을 그네에 비유해 보자. 그네의 진동수가 3Hz로 1초에 3번 왔다 갔다 한다면, 뒤에서 1초에 4번씩 밀어 줘 봐야 별 효과가 없다. 주기를 맞춰서 1초에 3번씩 밀어 줘야 내가 밀어 주는 에너지가 그네에 흡수된다. 만약 그네의 진동수가 7Hz라면, 1초에 7번씩 밀어 줘야 한다.

이제 지구가 내보내는 에너지가 기체 분자라는 그네를 밀어 주는 현상을 살펴보자. 지구에서 나오는 적외선 에너지의 범위가 진동수 1Hz부터 10Hz까지 퍼져 있다고 하면, 3Hz로 느리게 진동하는 기체는 그중에서 3Hz 부분을 흡수하고, 7Hz로 빠르게 진동하는 기체는 7Hz 부분을 흡수한다. 그래서 다양한 종류의 온실기체는 다양한 진동수 영역의 에너지를 흡수한다(참고로 이는 쉽게 설명하기 위한 숫자이고, 실제 분자들의 진동수는 수조 Hz다).

마지막으로 가장 중요한 개념이 있다. 기체가 진동할 때 에너지

그네를 밀어 줄 때는 그네가 가까이 오는 순간에 맞춰서 밀어 줘야 한다. 즉 진동하는 그네와 일치하는 진동수로 밀어 줘야 제대로 에너지를 전달할 수 있다.

를 흡수하려면, 양전하와 음전하가 비대칭적으로 진동해야 한다. 그런데 산소 분자는 동일한 원소가 하나의 결합 부위로 연결돼 있어서 비대칭적으로 진동할 수가 없다. 하지만 이산화탄소 분자는 탄소 원자와 산소 원자의 결합 부위가 두 개인 데다가, 전자도 산소 원자 쪽으로 치우쳐져 있어서 비대칭적으로 운동할 수 있다. 예를 들어 두 산소 원자가 탄소 원자와 번갈아 가면서 가까워졌다 멀어졌다 할 수도 있고, 결합한 부위를 위아래로 구부리면서 운동할 수도 있다. 그래서 산소 분자는 지구의 에너지를 흡수하지 않고 이산화탄소 분자는 흡수하는 것이다. 이것이 바로 온실기체와 비온실기체를 구분짓는 특성이다. 대표로 산소 분자와 이산화탄소 분자를 살펴봤지만, 다른 온실기체와 비온실기체도 같은 원리로 구분된다.

수십만 년 전 지구 온도는 어떻게 측정할까

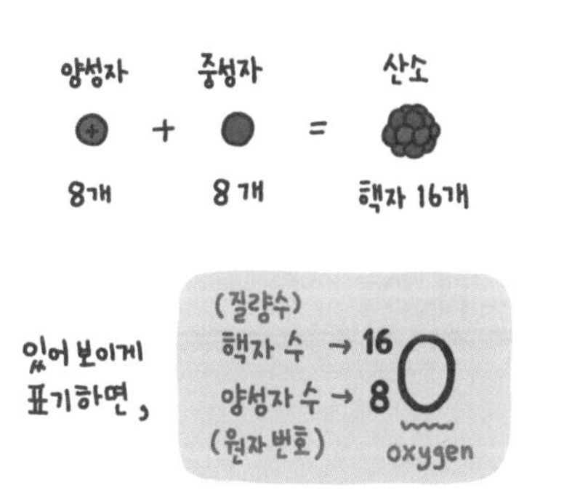

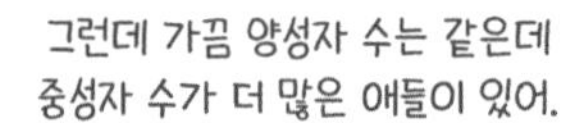

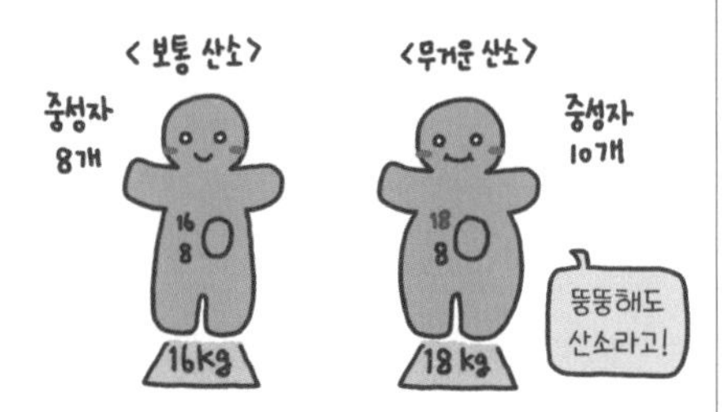

양성자 수가 같으니 똑같은 산소 원소지만,
중성자 수가 더 많으니 더 무겁지.
이런 애들을 '동위원소'라 불러.

물은 수소 2개와 산소 1개로 이루어져 있는데,
만약 무거운 산소로 만들어지면,
그 물 분자도 보통 물 분자보다 무겁겠지?

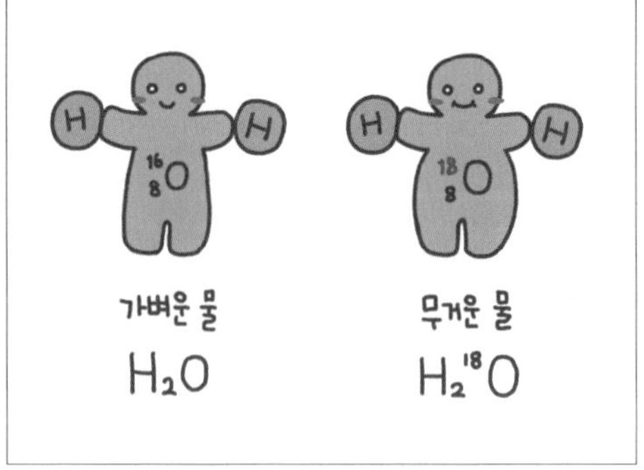

날씨가 추우면 무거운 물 분자(18)는
느리게 움직여서 기체로 증발하기 힘들지만,
16
18
16
18
16
16
16
18
16
18
18
18
16
16
18

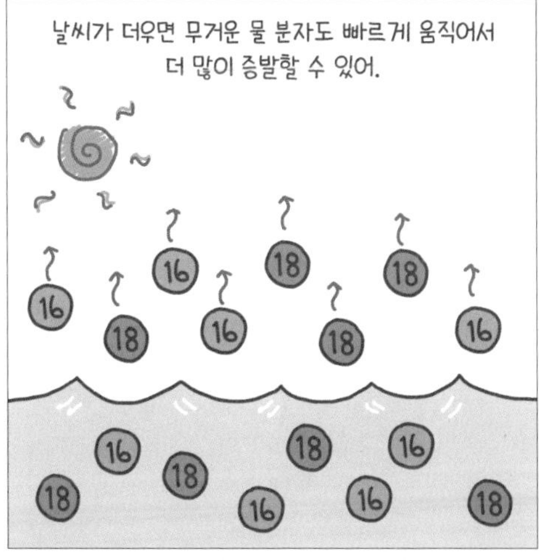
날씨가 더우면 무거운 물 분자도 빠르게 움직여서
더 많이 증발할 수 있어.
16
18
16
16
18
18
18
16
16
18
18
16
16
16
18

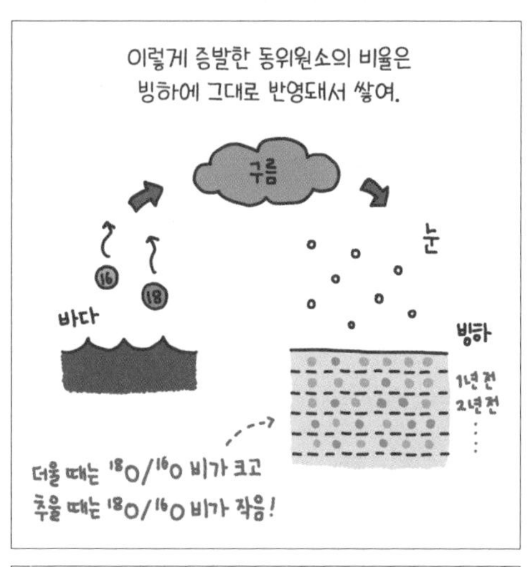

이렇게 증발한 동위원소의 비율은
빙하에 그대로 반영돼서 쌓여.
구름
바다
16
18
눈
빙하
1년 전
2년 전
더울 때는 $^{18}O/^{16}O$ 비가 크고
추울 때는 $^{18}O/^{16}O$ 비가 작음!

그래서 고기후학자들이 빙하를 뚫고
빙하코어라는 원통 모양 얼음을 뽑아내서
산소 동위원소 비율로 기온을 추정할 수 있어.
화산재
화산 활동 같은
다른 정보도
알 수 있어!

같은 듯 다른
우리는 동위원소

지구의 온도는 어떻게 측정할까? 이 작은 대한민국 안에서도 지역에 따라, 계절에 따라 기온이 천차만별이니 당연히 온도계 하나로 측정할 수는 없다. 지구의 평균 기온을 추정하기 위해서는 전 세계에 있는 수천 개의 기상 관측소에서 매일 측정한 기온 자료를 결합해야 한다.

이렇게 관측 장비를 이용해 온도를 기록하기 시작한 건 1850년대부터다. 관측소가 전 세계에 골고루 완벽히 분포하지 않았다는 문제점이 있지만, 1980년 이후로는 인공위성을 활용한 측정이 이루어지면서 더욱 정확한 데이터를 얻을 수 있게 됐다.

약간 부정확한 데이터까지 전부 포함하더라도 우리가 지구의 온도를 직접 측정하기 시작한 지는 200년도 채 되지 않았다. 이렇게 짧은 시간 동안 수집한 데이터만으로 기후 위기에 대해 이야기할 수 있을까? 실제로 고기후학을 연구하는 과학자들은 지구 온도를 수십만 년 전부터 재구성하면서 오늘날의 지구 온난화가 얼마나 심각한지 경고하고 있다. 그렇게 먼 옛날 지구 온도가 어땠는지 어떻게 알 수 있을까?

이를 이해하기 위해서 다시 물질을 쪼개 보자. 앞 장에서 설명했듯이 물질은 분자로 이루어져 있다(예를 들어 물은 수많은 물 분자로 이루

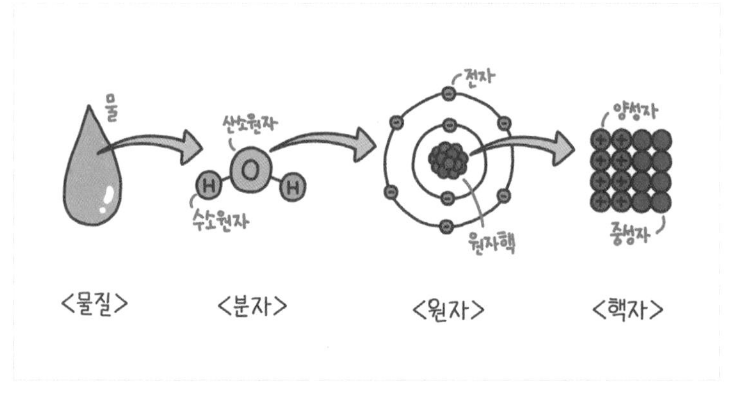

물질은 분자로 이루어져 있고 분자는 원자로 이루어져 있다. 원자는 원자핵과 전자로 이루어져 있고 원자핵은 핵자로 이루어져 있다.

어져 있다). 분자는 다시 원자들로 이루어져 있다(물 분자는 산소 원자 1개와 수소 원자 2개로 이루어져 있다). 그리고 원자는 가운데에 있는 원자핵과 그 주변에 퍼져 있는 전자로 이루어져 있다. 마지막으로 원자핵은 '핵자'라는 입자들로 이루어져 있다. 핵자에는 양전하를 띠는 양성자와 전기적으로 중성인 중성자 두 종류가 있다.

각 원자에는 고유한 원자번호가 붙어 있는데, 이는 양성자의 개수를 나타낸다. 예를 들어 원자번호가 8인 산소는 양성자 8개(+8), 중성자 8개(0), 전자 8개(-8)로 이루어져 있다. 양성자의 개수는 원자의 화학적 특성을 결정짓는다. 만약 양성자 개수가 9개가 되면, 산소는 더 이상 산소가 아니라 원자번호가 9인 플루오린이 될 것이다.

그렇다면 양성자 개수는 그대로면서 중성자 개수만 달라진다면, 그 원자는 여전히 산소일까? 답은 그렇다. 실제로 양성자 개수는 8개지만, 중성자 개수가 9개거나 10개인 산소 원소들이 존재한다. 중성자 개수가 8개인 일반 산소와 화학적 특성은 같다. 이렇게 양성자 개수는 같은데 중성자 개수가 다른 원소를 '동위원소'라고 부른다.

중성자의 개수가 더 많은 산소 동위원소는 일반 산소보다 더 무겁다. 양성자와 중성자는 질량이 거의 같아서, 화학자들은 양성자와 중성자를 합친 총 핵자의 개수를 '질량수'라고 부른다. 일반 산소는 질량수가 8+8=16이다. 중성자 개수가 9인 산소의 질량수는 8+9=17이고, 중성자 개수가 10인 산소의 질량수는 8+10=18이다. 원소를 표기할 때는 원소기호를 적은 뒤 원자번호는 왼쪽 아래에, 질량수는 왼

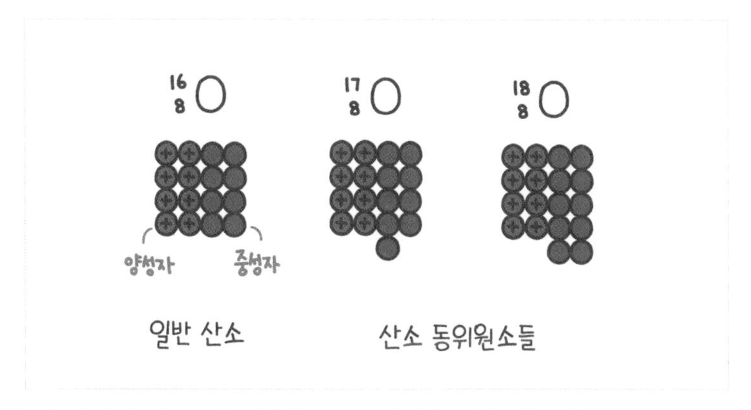

양성자 개수는 같지만 중성자 개수가 다른 원소를 동위원소라고 부른다.

쪽 위에 적어 주어 구분한다. 자연에는 일반 산소 ^{16}O가 99.8%, 동위원소 ^{17}O가 0.04%, ^{18}O가 0.2% 정도의 비율로 존재한다(다른 산소 동위원소도 있지만 불안정해서 금방 붕괴한다).

얼어붙은 타임캡슐

물H_2O 분자는 산소 원자 1개와 수소 원자 2개로 이루어져 있다. 이때 일반 산소^{16}O가 아니라 무거운 산소 동위원소^{18}O로 물이 만들어질 수도 있다. 무거운 물 분자$H_2{}^{18}O$는 일반 물 분자보다 느릿느릿 움직인다. 그래서 추운 해에는 잘 증발하지 않는다. 액체에서 기체로 떨어져 나갈 만큼 충분한 에너지를 얻지 못하기 때문이다.

대기로 증발한 물은 구름이 됐다가 비나 눈이 되어 땅으로 떨어진다. 추운 극지방에서는 눈이 녹지 않고 계속 쌓이면서 얼어붙어서 빙하를 형성한다. 그래서 대기 속 ^{16}O와 ^{18}O의 비율이 고스란히 빙하에 남게 된다.

추운 해에는 무거운 물 분자가 잘 증발하지 못하므로 빙하 속 $^{18}O/^{16}O$ 비율이 낮아진다. 반대로 따뜻한 해에는 무거운 물 분자도 잘 증발하기 때문에 빙하 속 $^{18}O/^{16}O$ 비율이 높아진다. 매년 대기 속 $^{18}O/^{16}O$ 비율이 어땠는지 알려 주는 새로운 얼음층이 나이테처럼 차곡차곡 빙하에 쌓여 나간다.

고기후학자들은 이 $^{18}O/^{16}O$ 비율을 측정하기 위해 빙하를 원통 모양으로 길게 뚫어 뽑아낸다. 이 얼음 기둥을 '빙하 코어'라 부른다. 얼어버린 지구의 과거를 오롯이 담고 있는 타임캡슐이다. 공기 방울, 먼지, 꽃가루 심지어는 화산재도 담겨 있어 당시 기후와 환경에 대해 다양한 정보를 우리에게 전해 준다.

현재까지 시추한 빙하 코어 중 가장 오래된 얼음 층은 무려 80만 년 전까지 거슬러 올라간다. 이 빙하를 분석해 한랭한 기후의 빙하

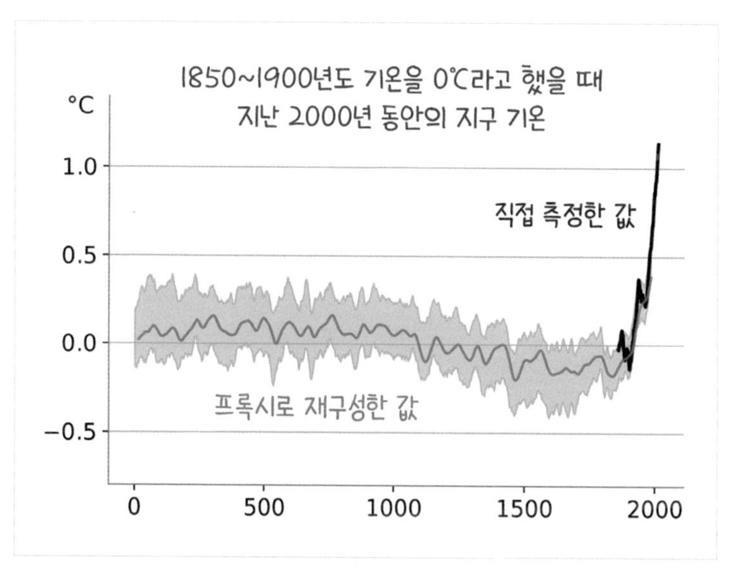

지난 2000년 동안의 지구 기온 변화를 나타낸다.

기와 온난한 기후의 간빙기가 반복되는 주기를 밝혀내기도 했다.

이렇게 우리가 어떤 값을 직접 측정할 수는 없지만 그 값과 관계 있는 다른 값을 측정해 간접적으로 유추할 수 있는 경우가 있다. 이를 '프록시'라 부른다. 빙하 코어 속 $^{18}O/^{16}O$ 비율은 과거 기온에 관한 믿을 만한 프록시가 되어 준다. 이외에도 고기후학자들은 지층의 퇴적물, 화석, 산호, 나무의 나이테 등 다양한 프록시를 활용해 과거 기후를 추정하고 연구한다.

317쪽 그래프는 지난 2000년 동안 지구 기온이 어떻게 변화했는지 보여 준다. 온도를 직접 측정하기 시작한 후부터 산업화가 본격화하기 이전까지인 1850년~1990년을 기준(0℃)으로 잡았다. 최근에만 나타나는 검은 선은 온도계로 직접 측정한 값이고, 과거까지 거슬러 올라가는 파란 선은 다양한 프록시를 활용해 재구성한 값이다. 이렇게 과거와 비교해 보면, 최근의 급격한 온난화 현상은 확실히 비정상적이고 인위적인 무언가가 개입한 것으로 보인다.

범인은 바로 인간

지구가 뜨거워지고 있다. 산업화 이후로 우리가 석탄, 석유, 천연가스 등의 화석연료를 많이 태웠기 때문이라고 한다. 하지만 뭔가 다른 원인이 있는 건 아닐까? 기후 변화가 정말 인간 활동 때문이라고 주장할 수 있는 과학적 근거가 있을까? 우리는 여기서도 동위원소를 활용할 수 있다.

식물은 광합성을 이용해 에너지를 얻는다. 재료는 토양에서 빨아들인 물과 대기에서 흡수한 이산화탄소다. 식물은 빛에너지를 이용해 이 분자들을 분해한 뒤 포도당과 산소를 만들어 낸다. 산소는 다시 밖으로 내보내고 포도당은 에너지원으로 사용한다. 이 과정에서 이산화탄소 분자를 구성하던 탄소 원자가 포도당 분자를 구성하는 데 쓰이면서 식물 안에 저장된다.

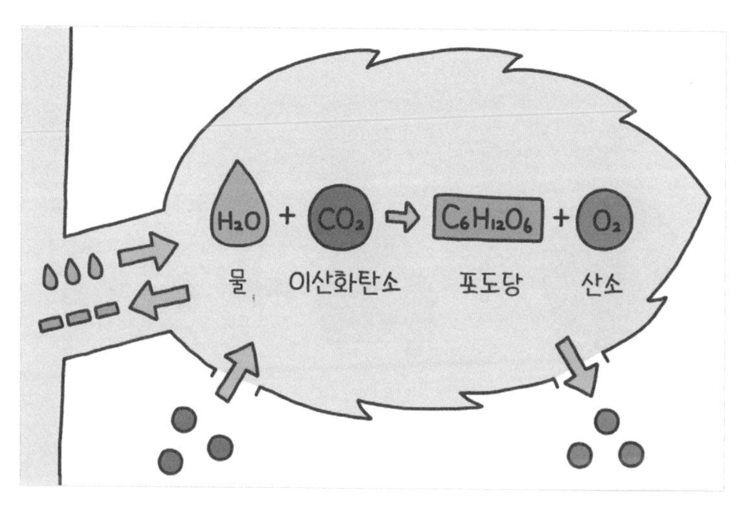

식물은 광합성을 통해 물과 이산화탄소로 포도당과 산소를 생성한다. 이때 공기 중에 있던 탄소 원자가 식물에 저장된다.

앞에서 산소 동위원소를 살펴본 것과 마찬가지로 탄소도 동위원소가 있다. 탄소의 원자번호는 6이다. 즉 일반 탄소는 양성자가 6개, 중성자가 6개 있다(^{12}C). 그리고 안정된 탄소 동위원소로 중성자가 7개인 ^{13}C가 있다.

대기 속에 있는 탄소 동위원소(^{13}C)는 일반 탄소(^{12}C)보다 무거워서 더 느리게 움직인다. 그래서 나뭇잎 속으로 들어와 광합성을 할 확률도 낮고 결과적으로 나무 분자에도 덜 포함된다. 대기보다 식물 속 $^{13}C/^{12}C$ 비율이 더 낮은 것이다.

그런데 우리가 태우는 화석연료는 결국 수억 년 전 식물의 유해가 눌리고 변형된 결과물이다. 따라서 식물에 들어 있던 $^{13}C/^{12}C$ 비율이 화석연료에 그대로 반영되고, 이 화석연료를 태워 나온 이산화

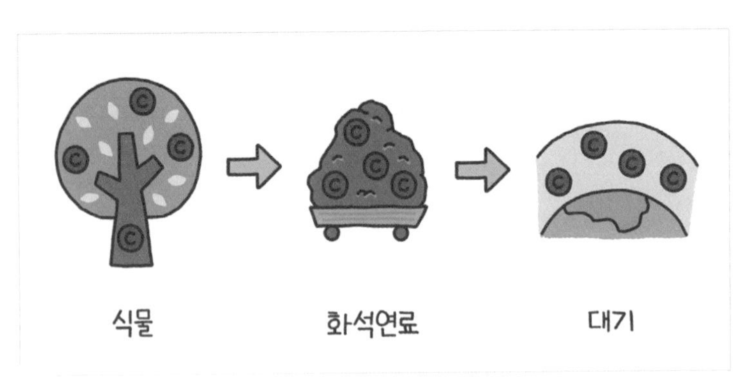

식물에 들어 있던 탄소 비율은 화석연료에 그대로 반영되고, 이 화석연료를 태워 나온 이산화탄소 때문에 대기에도 그대로 반영된다.

탄소에도 그대로 반영된다. 즉 화석연료를 태우면서 발생한 이산화탄소는 일반 대기보다 $^{13}C/^{12}C$ 비율이 낮다.

실제로 대기 성분을 측정한 결과는 너무나도 확실한 사실을 우리에게 말해 주고 있다. 해가 지나갈수록 대기 속 이산화탄소의 비율은 점점 증가하고 있지만, 탄소 동위원소 $^{13}C/^{12}C$의 비율은 점점 감소하고 있다. 다시 말해 오늘날 대기 속 이산화탄소 비율이 걷잡을 수 없이 증가하고 있는 원인은 화석연료를 마구 태우는 우리, 바로 인간이다.

방귀 뀐 놈이 세금 낸다

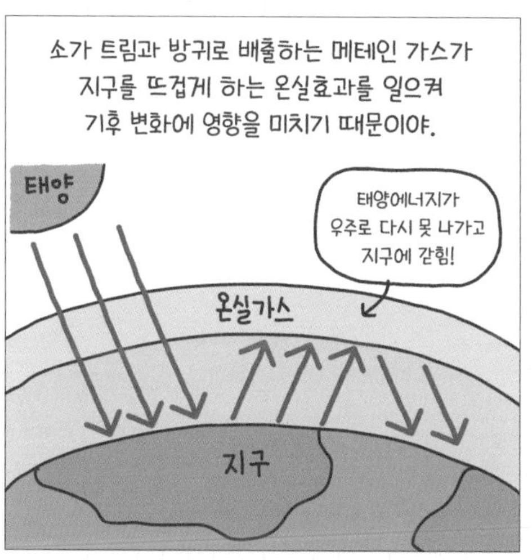
소가 트림과 방귀로 배출하는 메테인 가스가
지구를 뜨겁게 하는 온실효과를 일으켜
기후 변화에 영향을 미치기 때문이야.
태양
태양에너지가
우주로 다시 못 나가고
지구에 갇힘!
온실가스
지구

그런데 인간도 방귀를 뀌는데
왜 유독 소에게만 박하게 구는 걸까?
차별금지!
정치적
올바름!
우-
우-

소는 되새김질을 하는 반추동물이야.
위가 무려 4개나 있어.
1
2
3
4
양 → 벌집 → 천엽 → 막창
J...JMT

소화가 힘든 거친 풀을
위에 넣어 박테리아로 발효했다가,
다시 입으로 가져와 제대로 씹어서
연하게 한 다음 소화하지.
점심에 스테이크가
맛있었는데
한 번 더 곱씹자.
헤헤.
오물
오물

이 과정에서 위에서 배출하는 메테인 가스는
장에서 배출하는 양의 몇십 배에 달한다고 해.
사람: 하루 2L
소: 하루 200L
뽕
뿌앙

게다가 현재 전 세계 가축의 수는
거의 300억 마리에 달해.
육류 산업은 직간접적으로
환경에 엄청난 영향을 미치고 있어!
와글
와글

호랑이는 썩어서
메테인을 남긴다

필라테스를 배우거나 퍼스널 트레이닝을 받을 때 특정 동작을 하다가 방귀가 나와서 민망했던 경험이 있을 것이다. 생각보다 많은 사람이 이런 경험을 한다. 그래서 방귀 뀌는 것까지 수업료에 포함이라는 우스갯소리도 있다.

그런데 실제로 방귀세는 존재한다. 유럽의 에스토니아 정부에서는 소를 키우는 농가에 일명 방귀세를 부과하고 있다. 소의 방귀와 트림에서 나오는 메테인이 기후 변화에 심각한 영향을 미치기 때문이다. 그런데 사람이나 다른 동물도 방귀를 뀌는데, 왜 소에게만 박하게 구는 걸까?

실제로 소는 특이한 소화 과정을 거치기 때문에 다른 동물보다 메테인을 더 많이 배출한다. 소, 양, 사슴 같은 되새김 동물들은 위를 여러 개 가지고 있으며, 삼킨 먹이를 게워내 다시 씹는 되새김질을 한다. 이러한 특성은 육식 동물의 습격에 대비하기 위해 발달한 것으로 보인다. 일단 먹을 수 있을 때 풀을 가능한 한 빨리 많이 삼킨 다음 나중에 안전한 장소에서 다시 끌어올려 천천히 소화를 시키는 거다.

소는 위가 총 4개다. 풀을 뜯어 먹으면 먼저 첫 번째 위인 혹위에 사는 미생물들이 식물의 거친 섬유질을 분해한다. 미생물과 섞인 풀은 두 번째 위인 벌집위로 들어가서 뭉쳐진다. 여기서 뭉쳐진 풀 덩어리는 세 번째 위로 넘어가는 대신 다시 식도를 타고 입으로 올라간다. 그러면 소는 풀 덩어리를 다시 이빨로 잘근잘근 씹는다. 이렇게 되새김질한 음식은 다시 첫 번째 위와 두 번째 위에서 오랜 시간 머물면서 잘게 부서진다. 세 번째 위인 겹주름위에서는 물과 영양분을 흡수한다. 네 번째 위인 주름위는 사람의 위처럼 소화액을 분비해 소화를 마무리한다. 이렇게 10시간이 넘는 소화 과정을 거치는 덕분에 거친 풀도 잘 소화할 수 있다.

이때 첫 번째 위에서 미생물이 섬유질을 분해하는 과정 중에 메테인이 생성된다. 그 양은 장에서 발생하는 양보다 몇 배나 많다. 게

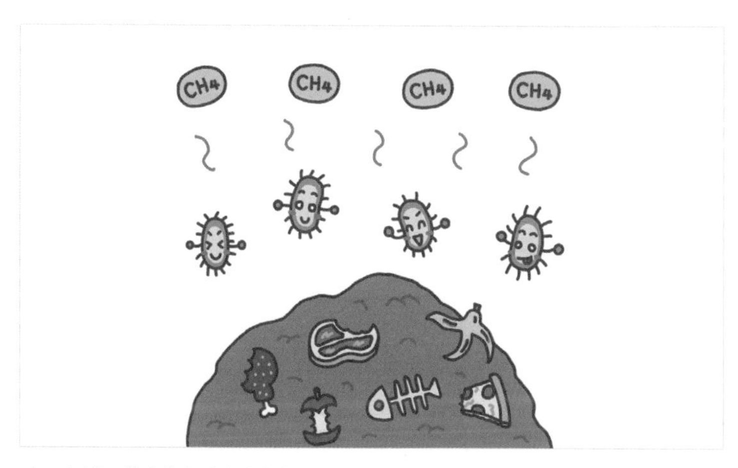

산소가 없는 환경에서 매테인생성균이 유기물을 분해할 때 메테인이 나온다.

다가 전 세계에서 사육되는 소는 10억 마리가 넘는 것으로 추정된다. 이 소들이 배출하는 메테인을 모두 합치면 전체 메테인 배출량의 20~30% 정도를 차지한다. 결코 무시할 수 없는 양이다.

앞 장에서 이산화탄소는 주로 화석연료를 태울 때 나온다고 설명했다. 메테인은 주로 미생물이 유기물을 분해할 때 나온다. 간단하게 말해 태우면 이산화탄소, 썩으면 메테인이 나오는 거다. 다양한 종류의 매테인생성균이 되새김 동물의 소화 기관 외에도 쓰레기 매립장, 하수 처리 시설 등 산소가 없는 환경에서 활동하면서 부산물로 메테인을 만들어 낸다.

앞서 이야기한 영구동토 안에도 무수한 생물 사체와 미생물이 꽁꽁 언 채로 갇혀 있다. 미생물이 활동을 재개하고 사체들이 썩기 시작하면 실제로 막대한 양의 메테인을 방출할 것이다.

내가 먹은 스테이크가 지구를 아프게 한다

〈카우스피라시(2014)〉라는 환경 다큐멘터리가 있다. 소를 뜻하는 카우Cow와 음모를 뜻하는 컨스피라시Conspiracy의 합성어다. 유명한 배우이자 환경 운동가인 레오나르도 디카프리오도 제작을 지원한 이 영화에서는 축산업과 육류 소비가 어떻게 지구를 파괴하고 환경에

악영향을 끼쳐 왔는지 고발하고 있다.

축산업의 문제는 가축들이 방귀와 트림으로 배출하는 엄청난 양의 메테인뿐만이 아니다. 먼저 물이 엄청나게 많이 쓰인다. 가축이 마시는 물 이외에도 사료를 기를 때, 시설을 청소할 때 등 여러 용도로 물이 소비된다. 이런 식으로 축산업에 쓰이는 물이 미국 전체 물 사용량의 약 55%나 차지한다.

좀 더 실감할 수 있는 예를 들어 보자면, 햄버거 패티 하나를 만드는 데 들어가는 물이 약 2,500~3,000L라고 한다. 우리가 평소에 아무리 물을 아껴 써도 점심에 햄버거를 하나 먹으면 두 달간 샤워할

햄버거 패티 하나를 만드는 데는 한 사람이 약 두 달간 샤워할 수 있는 양의 물이 쓰인다.

수 있는 물을 한 번에 소비해 버리는 거다. 참고로 미국 전체 물 사용량 가운데 일반 가정에서 사용하는 물은 5%에 불과하다고 한다.

가축을 키우는 데는 땅도 많이 쓰인다. 소를 키울 목초지가 부족하다는 이유로 코스타리카, 콜롬비아, 브라질 등에서 열대 우림이 마구잡이로 개척되고 있다. 아마존이 파괴되는 원인의 91%가 축산업이라고 한다. 현재 지구 땅 표면 가운데 무려 45%가 가축을 기르는 데 쓰이고 있다. 여기에 사료를 재배하는 데 쓰이는 땅까지 포함하면, 전 세계 토지 자원의 대부분을 축산업이 사용하고 있다. 오늘날 사람이 기르는 곡식의 절반 이상은 동물의 입으로 들어가고 있다. 전 세계 인구 중에 10억 명이 굶주리지만 가축은 굶주리지 않는다.

지나친 육식은 건강에도 해롭다. 육류는 포화 지방과 콜레스테롤 수치가 높다. 과도하게 섭취하면 암, 비만, 당뇨병 등 각종 질환을 유발한다. 오늘날 인류는 몸이 받아들일 수 있는 양보다 더 많은 고기를 소비하고 있다.

그 외에도 가축의 배설물로 인한 환경오염, 생태계 파괴, 동물의 권리 같은 다양한 문제가 축산업에서 발생하고 있다. 기후 변화를 막기 위해 전기와 물을 절약하고, 플라스틱을 덜 사용하고, 대중교통을 이용하는 것도 좋지만, 육식을 줄이는 것이야말로 가장 필요하고 효과적인 방법일지도 모른다.

그렇다고 오늘부터 갑자기 우리 모두가 100% 채식만 고집하자는 건 아니다(자칫 필요한 영양소를 섭취하는 데 애를 먹을 수도 있다). 일주일에 두 번 먹던 고기를 한 번으로 줄이는 정도의 작은 실천일지라도 다 함께한다면 커다란 변화를 일으킬 것이다. 오늘 저녁 식탁에서부터 고기를 한번 빼 보는 건 어떨까.

실험실에서 자란 고기

소를 포함한 전 세계 가축 수는 현재 수백억 마리로 추산된다. 전 세계 사람들의 생활 수준이 전반적으로 높아지면서 육류 소비도 계속 늘어나고 있으므로, 가축 수는 앞으로도 점점 증가할 것으로 보인다.

암담한 현실 속에서 사람들은 식물성 고기와 같은 새로운 단백질 공급원을 찾기 위해 애써 왔다. 최근 들어 공상과학 속에서나 등장할 것 같던 새로운 형태의 고기가 주목받고 있다. 바로 실험실에서 키워낸 고기, 배양육이다.

배양육을 생산하는 과정을 간단하게 설명하면 다음과 같다. 첫째, 소, 돼지, 닭 등 원하는 가축을 마취한 뒤 필요한 세포를 소량 추출한다. 실험실에서 무에서 유를 창조하는 게 아니라 맨 처음에 씨앗이 되어 줄 살아 있는 세포가 필요하다. 둘째, 동물의 몸에서 떨어져 나온 세포가 자라려면 영양분이 필요하므로 당, 아미노산, 비타민 등을 적절히 조합한 배양액을 마련한다. 셋째, 배양액이 담긴 생물 반응기에 추출한 세포를 넣어 증식시키고 분화시킨다. 생물 반응기란 생명의 몸속이 아니라 시험관 같은 외부에 생물학적 환경을 조성해서 생화학 반응을 만들어 내는 장비를 뜻한다.

이렇게 만들어 낸 배양육은 실제 고기와 얼마나 똑같을까? 세포 배양으로는 뼈에 살과 근육이 붙은 모습의 고기를 길러내지 못한다. 근육세포와 지방세포는 자랄 수 있는 환경도 다르고 필요한 영양분도 달라서 따로따로 배양해야 한다. 생김새뿐만 아니라 식감도 낯설다. 실제 고기에서는 혈액, 지방, 결합 조직 등이 한데 어우러지면서 특유의 식감과 풍미를 추가한다. 그래서 아직 배양육은 구워 먹는 스테이크보다는 패티나 너깃처럼 덩어리진 형태로 주로 생산되고 있다. 바로 이 점이 육류 소비자의 마음을 사로잡기 위해 배양육이 해결해 나가야 할 문제다.

배양육 산업에서 가장 큰 문제가 되는 것은 배양액에 들어가는 소태아혈청이다. 소태아혈청은 임신한 소를 도축하거나 유산시킨 뒤 끄집어낸 태아에게서 뽑아낸다. 결국에는 가축의 희생이 요구된다는 면에서 공장식 축산업과 다를 바 없다. 채취 과정이 비윤리적일 뿐만 아니라 가격도 굉장히 비싸다. 총생산비의 50~90%를 차지할 정도라서 배양육을 상용화하는 데 큰 걸림돌로 작용한다.

최근 소태아혈청을 사용하지 않은 무혈청배양액을 개발하는 회

배양육을 생산하는 과정이다.

사가 늘어나고 있다. 우리나라에서도 연구가 활발하다. 2018년 창업한 '씨위드'에서는 해양 미세조류인 스피룰리나 추출물을 바탕으로 한 식물성 배양액으로 한우를 배양했다. 2019년 창업한 '셀미트'에서는 각종 영양 성분과 성장 효소를 첨가해 자체 개발한 무혈청배양액으로 독도새우를 배양했다.

배양육이 세상에 처음 모습을 드러낸 것은 2013년이다. 네덜란드 마스트리흐트대학교의 마크 포스트 교수가 선보인 최초의 햄버거 패티는 한 장을 만드는데 33만 달러(약 4억 원)가 들었다. 이후 배양육 산업은 짧은 시간 안에 빠르게 성장하고 있다. 이미 싱가포르에서는 2020년 12월부터 배양육 제품을 시중에서 판매하고 있다. 또

2022년 11월 미국 '업사이드푸드'의 닭고기 배양육이 처음으로 미국 식품의약국FDA의 승인을 받았다. 윤리, 안전성, 가격 측면에서 여전히 활발한 논의가 이루어지고 있지만, 배양육이 우리의 저녁 식탁 위를 책임질 날이 머지않은 것 같다.

지구를 지키는 바다

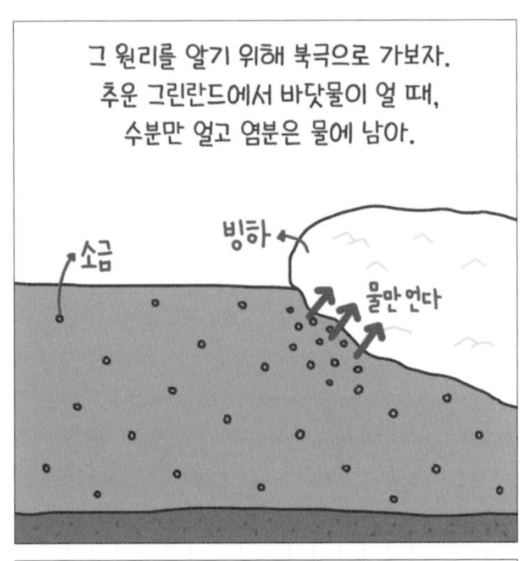
그 원리를 알기 위해 북극으로 가보자.
추운 그린란드에서 바닷물이 얼 때,
수분만 얼고 염분은 물에 남아.
빙하
소금
물만 언다

그래서 이곳의 바다는 굉장히 짜.
이렇게 차갑고 염도가 높은 물은 무거워서
바다 아래로 가라앉지.

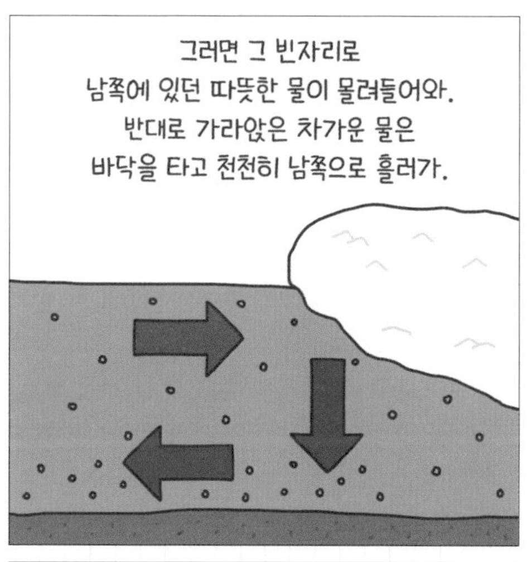
그러면 그 빈자리로
남쪽에 있던 따뜻한 물이 몰려들어와.
반대로 가라앉은 차가운 물은
바닥을 타고 천천히 남쪽으로 흘러가.

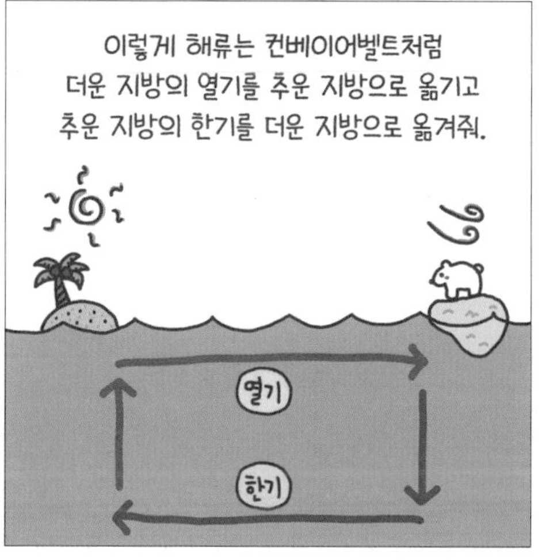
이렇게 해류는 컨베이어벨트처럼
더운 지방의 열기를 추운 지방으로 옮기고
추운 지방의 한기를 더운 지방으로 옮겨줘.
열기
한기

그런데 최근 기후 변화로 빙하가 녹으면서
극지방 바닷물의 염도가 낮아져서
밑으로 가라앉지 않고 있어.
그 결과 전체 순환이 약해지고 있지.

해류가 열에너지를 섞어주지 않으면
적도는 점점 뜨거워지고
극지방은 점점 차가워질 거야.
지구 전체 기후에 엄청난 재앙이 닥칠 거야!

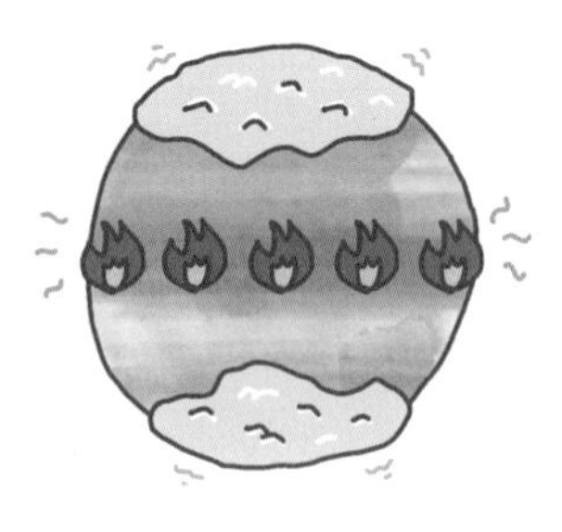

해류가 멈추면
지구도 멈춘다

기후 변화를 다룬 재난 영화 가운데 가장 유명한 작품으로 〈투모로우(2004)〉가 있다. 영화에서는 극지방의 빙하가 녹아 해류의 순환을 방해하면서 지구에 빙하기가 찾아오는 끔찍한 상황을 압도적인 영상미로 그려 내고 있다. 그런데 '내일' 일어날 것만 같던 영화 속 이야기가 '오늘' 실제로 벌어지고 있다.

해류란 이름 그대로 바닷물의 흐름이다. 표면 아래 얕은 바다를 흐르는 해류를 '표층 해류'라 부르고, 깊은 바다를 흐르는 해류를 '심층 해류'라 부른다. 표층 해류는 주로 해수면에 부는 바람 때문에 발생하고, 심층 해류는 바닷물 온도와 염도 차이 때문에 발생한다. 지구의 바다에는 여러 조각의 해류가 존재한다.

그런데 빙하와 해류가 무슨 관계인 걸까? 이를 살펴보기 위해 북극 그린란드 근처로 가보자. 추운 고위도 지역에서 바닷물이 얼어붙으면, 수분은 얼어서 얼음이 되지만 염분은 얼지 않고 밖으로 빠져나간다. 그래서 그린란드 빙하 근처 바다는 염도가 높다. 이렇게 염도가 높고 차가운 물은 밀도가 높아서 해저로 가라앉는다. 그러면 그 빈자리를 채우기 위해 남쪽으로부터 따뜻한 바닷물이 몰려온다. 한편 가라앉은 차가운 물은 북대서양에서 남극 해역까지 바닥을 따라 천천히 이동한다. 이렇게 대서양에서 북쪽으로는 따뜻한 표층수가 흐르고, 남쪽으로는 차가운 심층수가 흐르는 거대한 순환을 '대서양 자오면 순환AMOC'이라 부른다.

대서양 바닥을 훑으며 남쪽으로 흘러간 AMOC는 남극의 심층수와 만난 뒤 인도양과 태평양으로 흘러 들어간다. 그리고 여러 지역에서 서서히 표층으로 올라오고, 태양에너지를 받아 따뜻해져 다시 고위도 지역으로 이동하면서 지구 전체를 도는 거대한 해류 고리를 형성한다. 이러한 해류의 대순환을 '해양 컨베이어 벨트'라고 부른다.

해양 컨베이어 벨트는 이름처럼 열을 운반하면서 뜨거운 적도와 추운 극지방 사이의 에너지 불균형을 완만하게 조절해 준다. 유럽이 위도가 높은데도 비교적 따뜻한 이유가 바로 해류 덕분이다. 따뜻한 멕시코만류가 남쪽에서 북쪽으로 이동하면서 유럽의 기후를 온화하게 유지해 주는 거다. 해류는 사실상 대기와 함께 지구 전체의 기후를 담당하고 있다.

하지만 최근 해류 순환에 문제가 생기고 있다. 지구 온난화 현상으로 극지방이 따뜻해지고 있기 때문이다. 온도가 높아지면서 빙하가 녹아내리자 극지방 바다로 민물이 흘러 들어가 염도가 낮아지고 있다. 그 결과 이곳의 차가운 바닷물이 해저로 잘 가라앉지 않으면서 전체적인 해류의 순환이 약해지고 있다.

해양 컨베이어 벨트가 작동을 멈추면 지구 기후에 끼치는 영향은 어마어마할 것이다. 허리케인, 가뭄, 폭염 등 다양한 이상 기후가 빈

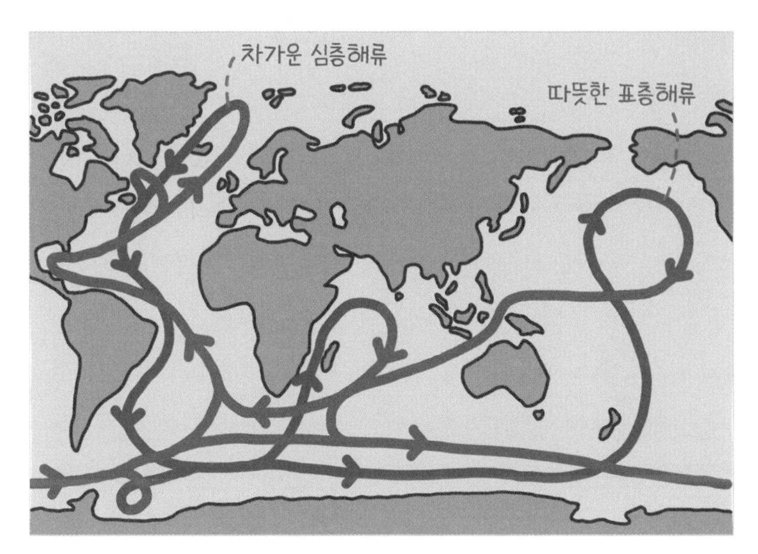

지구를 순환하는 해양 컨베이어 벨트를 단순화한 모습이다.

번히 발생하며 수많은 사람의 삶의 터전을 파괴할 것이다. 또 남아메리카, 인도, 아프리카 등 수십억 명이 살고 있는 지역에서 비가 내리는 주기를 변화시켜 물 공급에 문제가 생길 것이다. 지구 스스로 지닌 이 거대한 자정 시스템이 붕괴했을 때 되돌릴 수 있는 능력이 우리 인간에게는 없다. 유일하게 할 수 있는 일은 더 이상의 악화를 막기 위해 온실기체 배출량을 줄여 나가는 것이다.

하얀 산호초

온실 효과로 지구에서 빠져나가지 못한 여분의 열에너지 가운데 90% 이상은 바닷물에 흡수된다. 물은 비열이 크다. 비열이란 어떤 물질 1g의 온도를 1℃ 올리는 데 필요한 열량이다. 다시 말해 비열이 크면 열을 많이 흡수해도 온도가 잘 올라가지 않는다. 그래서 바다와 인접한 해안 지방은 내륙 지방보다 일교차가 적다. 바다는 지구의 거대한 에너지 저장고다.

최근 바닷물이 점점 더 뜨거워지고 있다. 물의 비열이 큰 편임에도 감당할 수 없을 만큼 많은 열에너지가 지구에 갇히고 있기 때문이다.

바다의 폭염이라 불리는 해양 열파도 점점 잦아지고 있다. 해양 열파란 바다 표면의 수온이 일정 기간 비정상적으로 상승하는 현상으로, 넓은 영역에 걸쳐 장시간 지속되기 때문에 해양 생태계에 막대한 피해를 끼친다. 서식 환경이 변하고 먹이 사슬에 교란이 발생하는 까닭에 다양한 해양 생물이 사망하고 심하면 멸종에 이른다. 연구에 따르면 해양 열파가 산업화 이전보다 20배 이상 더 자주 발생하고 있다고 한다. 지속 기간도 점점 길어지고 최대 온도도 점점 높아지고 있다.

눈을 감고 산호초를 떠올려 보자. 형형색색 아름다운 무지갯빛으로 바닷속을 수놓고 있는가? 이제 그런 찬란한 풍경은 상상 속에서만 볼 수 있게 될지도 모른다. 지구 곳곳의 산호초가 전부 색을 잃고 하얗게 변해가고 있다. 세계에서 가장 거대한 산호초 군락인 오스트레일리아의 그레이트배리어리프에서는 산호의 90% 이상이 백화현상을 겪고 있다. 바다의 바닥을 덮고 있는 앙상한 유골 같은 모습이 섬뜩하기까지 하다.

산호는 한자리에 붙어살기 때문에 혼자 사냥하는 것만으로는 충분한 영양분을 섭취하지 못한다. 그래서 몸안에 황록공생조류(주산텔라)라는 조류를 품고 함께 살아간다. 이 조류는 산호 안에 살면서 안정된 서식처를 받는 대신에 광합성으로 생성한 영양분을 산호에게 공급해 준다. 산호가 살아가는 데 필요한 에너지의 80~90% 정도가 조류에게서 온다.

그런데 주변 환경이 변하면 문제가 발생한다. 산호는 주변 환경에 몹시 민감한 생물이다. 바닷물 온도가 높아지면 이상을 감지하고 몸속에 있던 조류를 쫓아내 버린다.

사실 우리가 보는 산호가 알록달록한 색을 띠는 이유는 바로 황록공생조류 덕분이다. 황록공생조류 특유의 황록색 색소와 산호의 색소 단백질이 작용한 결과물이다. 조류가 사라지고 골격만 남은 산호는 색소 단백질마저 탈색되면서 하얗게 변한다. 그리고 충분한 영양분을 얻지 못해 서서히 죽음에 다다른다.

단순히 아름다운 바닷속에서 스쿠버다이빙을 즐기지 못하게 됐

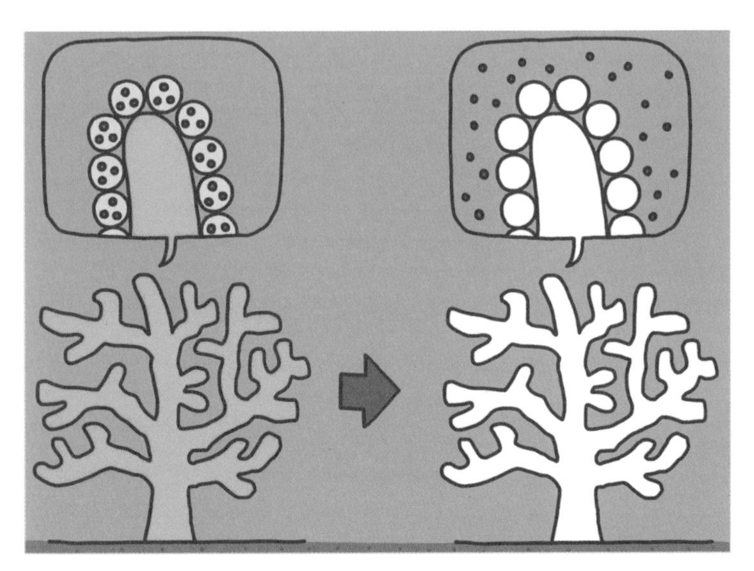

산호는 수온이 높아지면 자신의 몸에 살며 영양분을 공급해 주던 황색공생조류를 내쫓는다. 조류가 사라지면 알록달록한 색이 사라지고 하얗게 변하며 죽음에 다다른다.

다고 슬퍼할 문제가 아니다. 산호는 해양 생태계에서 굉장히 중요한 역할을 한다. 산호초 군락은 전체 바다 면적의 0.2%도 안 되지만, 전체 해양 생물의 약 25%가 서식하는 보금자리 역할을 하고 있다. 산호초의 죽음은 곧 해양 생태계 전체의 죽음이다. 지구 표면의 70%를 덮고 있는 바다가 죽으면, 지구 전체 생태계가 위험에 빠질 거라는 건 너무나도 자명하다.

우리가 지구에 남긴 흔적들

이렇게 특정 활동에서 발생하는
이산화탄소의 총량을 탄소발자국이라고 해.
CO2
CO2
CO2

심지어는 집에 가만히 앉아서
넷플릭스를 시청해도 탄소발자국이 남아.
그만
밟아

텔레비전을 가동하는 데 전력이 들고,

또 데이터센터에서 데이터를 보관하고 전송할 때,
과열된 장치들을 냉각할 때 전력이 들지.

스마트폰이 보급되고 스트리밍이 활발해지면서
이렇게 디지털 기기를 사용하면서 나오는
디지털 탄소발자국의 양이 엄청나게 늘어나고 있어.

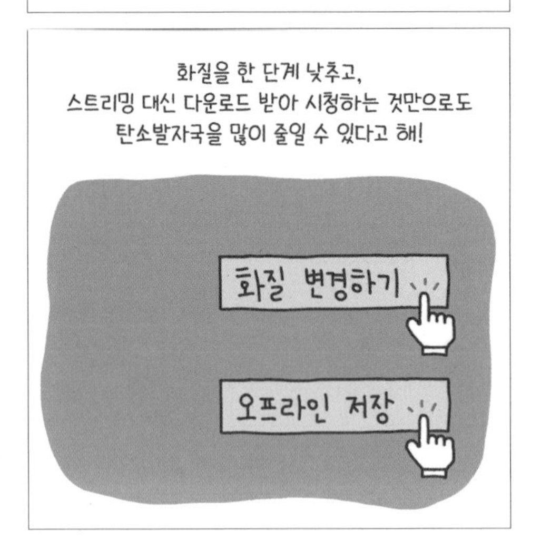

넷플릭스를 보는 나의 탄소발자국

앞에서 기후 변화의 범인은 인간이라고 이야기했다. 범인은 현장에 흔적을 남기기 마련이다. 이 사건의 경우 '탄소발자국'이라는 형태로 흔적이 남는다.

탄소발자국은 2006년 영국 의회 과학기술처POST에서 처음 제안한 용어로, 개인 또는 단체가 활동하는 과정에서 발생하는 온실기체 특히 이산화탄소의 총량을 말한다. 우리는 종일 푸르른 지구 위에 새카만 탄소발자국을 찍고 있다. 아침에 일어나 샤워할 때, 맛있는 식사를 할 때, 학교나 회사로 이동할 때, 컴퓨터로 일할 때, 휴대폰으로 친구와 대화를 주고받을 때 등 일상생활에서 우리가 하는 거의 모든 활동은 탄소발자국을 남긴다.

집에서 소파 위에 가만히 앉아 넷플릭스를 시청할 때조차도 우리는 탄소발자국을 남긴다. 일단 시청에 사용하는 전자 기기가 전력을 소비하는 과정에서 탄소발자국이 남는다. 넷플릭스가 조사한 바에 따르면 사용자들이 콘텐츠를 시청할 때 70%는 TV, 15%는 컴퓨터, 10%는 스마트폰, 5%는 태블릿 기기를 사용한다고 한다. 어떤 기기를 사용하느냐에 따라 탄소발자국이 달라지지만, 여기서는 다수결에 따라 TV로 보고 있다고 가정해 보자.

그다음으로 데이터 센터에서 소모하는 전력을 살펴봐야 한다.

데이터 센터란 컴퓨터 시스템, 통신 장비, 저장 장치 등이 설치된 대규모 시설을 뜻한다. 이곳에서 영화, 드라마, 다큐멘터리 등 방대한 양의 콘텐츠를 보관하고 있다가 우리가 시청하길 원할 때 전송해 주는 거다. 이렇게 데이터를 저장하고 전송하는 데 전력이 소모된다. 또 데이터 센터에서 서버 컴퓨터와 장비들이 쉬지 않고 작동하는 과정에서 열이 발생하기 때문에 이를 식히고 센터 내부의 온도와 습도를 적절히 유지하는 데에도 전력이 소모된다.

영국의 비영리 기후연구단체인 카본 브리프에 따르면, 유럽 국가에서 넷플릭스를 1시간 시청했을 때 발생하는 이산화탄소의 양은 평균 55g 정도라고 한다. 한 편에 1시간짜리 드라마 20편을 정주행하면 약 1.1kg의 이산화탄소를 배출하는 격이다.

물론 이는 어느 나라에서 어떤 에너지원을 사용하느냐, 시청하는 기기의 효율이 어느 정도냐 등의 여러 요소에 따라 달라진다. 그리고 어느 연구 기관에서 어떤 가정을 통해 추산했느냐에 따라서도 추정치가 다르다. 탄소발자국 개념이 점점 중요해지고 있어서 아마 앞으로는 좀 더 정확한 결론에 도달할 수 있을 것이다.

넷플릭스뿐만이 아니다. 우리는 매일 포털 사이트에서 무언가를 검색하고, 메신저를 이용하고, 이메일을 보내고, 전화 통화를 하고, 스트리밍으로 노래를 듣는다. 이렇게 디지털 장치를 사용하면서 발생하는 디지털 탄소발자국은 하루가 다르게 급증하고 있다.

디지털 탄소발자국을 줄이기 위해 우리가 할 수 있는 일은 무엇일까? 먼저 영상을 시청할 때 화질을 한 단계 낮추는 것만으로도 탄소발자국을 크게 줄일 수 있다. 실시간으로 스트리밍하는 대신 영화나 노래를 기기에 다운로드 받는 것도 한 가지 방법이다. 또 메일함을 정리하고 필요 없는 이메일들을 삭제하는 습관을 기르면, 데이터센터에서 불필요한 이메일까지 전부 보관하느라 소모되던 전력을 아낄 수 있다. 인터넷에서 자주 접속하는 사이트에 북마크를 해 두면, 매번 검색 단계에서 낭비되는 에너지를 절약할 수 있다.

최근 기업이나 정부에서는 탄소중립이 화제다. 배출한 만큼의 이산화탄소를 다시 흡수해 실질적 배출량을 0으로 만드는 것으로

탄소중립이란 배출한 만큼의 이산화탄소를 다시 흡수해 실질적 배출량을 0으로 만드는 것이다.

'넷제로' 또는 '탄소제로'라고도 한다. 탄소중립을 실현하기 위해 화석연료를 대체할 수 있는 신재생에너지에 투자하거나 이산화탄소를 배출한 만큼 나무를 심는 등 다양한 노력이 이루어지고 있다.

평균적으로 나무 한 그루가 1년에 6.5kg 정도의 이산화탄소를 흡수한다고 한다. 앞에서 언급한 추정치에 따르면 20편짜리 드라마를 6작품 볼 때마다 나무 한 그루를 심어야 탄소중립을 달성하는 셈이다.

석기 시대, 청동기 시대,
철기 시대 그리고 플라스틱 시대

아침에 일어나서 밤에 잠들기 전까지 우리가 가장 많이 사용하는 건 아마도 플라스틱일 것이다. 플라스틱이라고 하면 단순히 페트병이나 비닐봉지만을 떠올릴지도 모르겠다. 하지만 이 물질은 다양한 형태로 변신해서 우리가 미처 깨닫지 못한 일상 구석구석에 숨어 있다.

예를 들어 여러분이 지금 읽고 있는 이 책에도 플라스틱이 들어간다. 일반적으로 책을 만들 때는 폴리우레탄이라는 플라스틱으로 낱장을 이어 붙이고, 폴리프로필렌이라는 플라스틱으로 표지를 코팅한다.

역사를 재료에 따라 구분한다면 우리는 지금 석기 시대, 청동기 시대, 철기 시대를 지나 플라스틱 시대에 살고 있다. 1980년대 중반 이후로 인류는 철재보다 플라스틱을 더 많이 사용하고 있다.

플라스틱은 열이나 압력을 가해 모양을 바꿀 수 있는 고분자화합물이다. 그 이름은 그리스어로 주조를 뜻하는 plastikos에서 유래했다. 원하는 모양으로 쉽게 가공할 수 있기 때문이다. 고분자화합물이란 10,000개 이상의 많은 분자가 결합해 만들어진 물질을 뜻한다. 폴리에틸렌, 폴리프로필렌, 폴리염화비닐 등 플라스틱 종류 앞에 붙는 폴리Poly 역시 '많다'는 뜻이다. 예를 들어 폴리에틸렌은 에틸렌이 여러 개 결합한 물질이다.

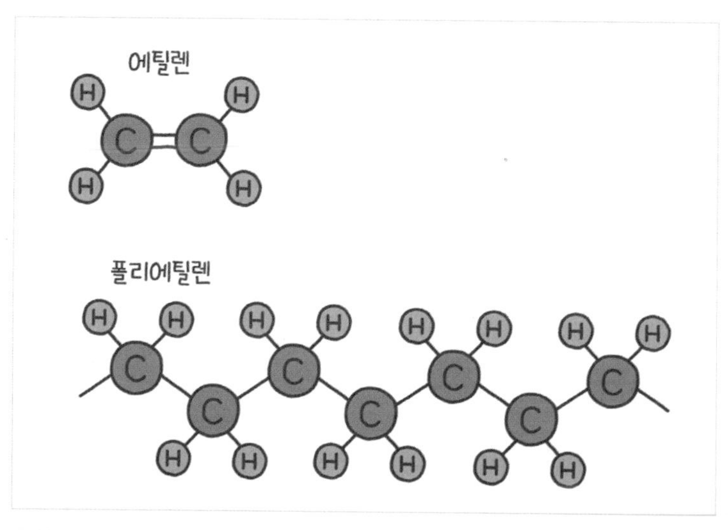

플라스틱은 10,000개 이상의 분자가 결합해 만들어진 물질이다. 예를 들어 폴리에틸렌은 에틸렌이 여러 개 결합해 만들어진다.

수많은 분자를 다양한 방식으로 결합할 수 있기 때문에 플라스틱의 종류는 그야말로 무궁무진하다. 어떻게 만드느냐에 따라서 금속보다 단단하기도 하고, 유리처럼 투명하기도 하고, 비단처럼 부드럽기도 하다. 게다가 비교적 만들기도 쉽고 저렴하다. 이렇게 변신의 귀재 카멜레온 같은 매력을 지닌 플라스틱은 현대 사회의 거의 모든 산업에 침투하면서 인류를 새로운 시대로 이끌었다.

하지만 플라스틱에는 치명적인 단점이 있다. 바로 잘 사라지지 않는다는 거다. 종류에 따라 다르지만 썩어 없어지는 데 보통 수십 년에서 수백 년이 걸린다. 우리 아기가 태어났을 때 사용한 일회용 기저귀가 아기보다 더 오래 지구상에 남아 있을 거로 생각하면 설명하기 힘든 복잡한 감정이 밀려온다.

그런데 우리가 사용하는 다양한 재료 중에 왜 유독 플라스틱만 잘 썩지 않는 걸까? 플라스틱이 바로 고분자화합물이기 때문이다. 물질이 썩는다는 건 결국 분자 사이의 결합이 끊어지면서 분해된다는 거다. 그런데 분자가 많고 복잡하게 얽혀 있는 플라스틱은 끊어야 할 결합의 수가 너무 많아서 시간도 오래 걸리고 에너지도 많이 들 수밖에 없다.

매년 어마어마한 양의 플라스틱 쓰레기가 바다에 버려지고 있다. 이렇게 버려진 플라스틱은 태양 빛을 받고 파도에 휩쓸리면서 점점 더 작아진다. 이렇게 생성된 미세플라스틱은 해양 동물에게 먹히고 다시 더 큰 동물에게 먹혔다가 먹이 사슬을 따라 결국에는 우리의 입속으로 들어온다. 우리가 마시는 물뿐만 아니라 과일이나 채소 같은 음식에도, 심지어는 들이마시는 공기에도 미세플라스틱이 들어 있다. 지구 위 그 어느 곳에 가더라도 미세플라스틱에서 벗어날 수 없다. 사람의 발길이 닿지 않는 남극에서조차 미세플라스틱이 발견되고 있다.

미세플라스틱이 우리 건강에 미치는 영향은 아직 정확히 알려지지 않았다. 하지만 이는 미세플라스틱이 무해하다는 뜻이 아니다. 전 세계 과학자들이 좀 더 확실한 결과를 얻기 위해서 다각도에서 연

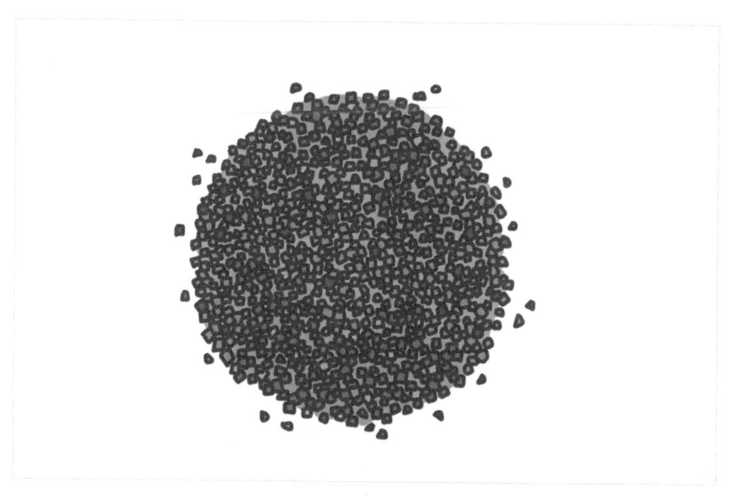

미세플라스틱이 지구를 뒤덮지 않도록 다 함께 플라스틱 사용을 줄이고 대안을 찾아 나서야 한다.

구를 이어가고 있다. 그리고 지금까지의 많은 연구 결과가 미세플라스틱이 인체에 부정적인 영향을 미친다는 결론에 힘을 싣고 있다.

플라스틱 시대는 앞으로도 지속될 것이다. 미세플라스틱이 지구를 뒤덮고 우리 몸을 가득 채우지 않도록 다 함께 플라스틱 사용을 줄이고 대안을 찾아 나서야 한다. 좀 더 적극적으로 행동해야 한다. 인류 역사에 석기 시대, 청동기 시대, 철기 시대, 플라스틱 시대 이후로 새로운 시대가 올지 아니면 아무런 시대도 오지 않을지는 지금 우리 손에 달려 있다.

참고 자료

본문 내 출처(해당 그림과 자료를 참고하여 저자가 직접 그림을 그렸습니다.)

- 45쪽, https://esahubble.org/images/opo9919k
- 117쪽, EBS 〈당신의 문해력 5부 - ‘디지털 시대, 굳이 읽어야 하나요?’ 中 글 VS 오디오 VS 동영상 : 같은 내용, 다른 매체 우리 뇌는 어떻게 반응할까요?〉 https://www.youtube.com/watch?v=_ZJEc7TmvLs
- 156쪽, https://en.wikipedia.org/wiki/Rapid_eye_movement_sleep
- 227쪽, https://en.wikipedia.org/wiki/Solar_geoengineering
- 240쪽, https://terms.naver.com/entry.naver?docId=5768610&cid=40942&categoryId=32334
- 241쪽, https://terms.naver.com/entry.naver?docId=5646836&cid=62861&categoryId=62861
- 253쪽, https://www.genome.gov/genetics-glossary/Chromosome
- 267쪽, https://bacteriophages.info/en/how-do-bacteriophages-kill-the-

bacteria
- 285쪽, https://en.wikipedia.org/wiki/Coronavirus
- 288쪽, https://www.npr.org/sections/health-shots/2016/06/07/480653821/watch-mosquitoes-use-6-needles-to-suck-your-blood
- 291쪽, https://terms.naver.com/entry.naver?docId=5782180&cid=62861&categoryId=62861
- 317쪽, https://en.wikipedia.org/wiki/Global_surface_temperature

참고 도서

- 《책 읽는 뇌》, 매리언 울프, 이희수 옮김, 살림, 2009
- 《플라스틱 행성》, 게르하르트 프레팅, 베르너 보테 거인, 2014
- 《공생 멸종 진화》, 이정모, 나무나무, 2015
- 《정신의학의 탄생》, 하지현, 해냄출판사, 2016
- 《생각한다면 과학자처럼》, 데이비드 헬펀드, 노태복 옮김, 더퀘스트, 2017
- 《Great Minds Don't Think Alike》, Emily Gosling, Iles Press, 2018
- 《나는 농담으로 과학을 말한다》, 오후, 웨일북, 2019
- 《사이코패스 뇌과학자》, 제임스 팰런, 김미선 옮김, 더퀘스트, 2020
- 《숨겨진 우주》, 리사 랜들, 김연중 옮김, 사이언스북스, 2020
- 《EBS 당신의 문해력》, 김윤정, EBS한국교육방송공사, 2021
- 《과학오디세이 유니버스 : 우주, 물질, 그리고 시공간》, 안중호, MID, 2021
- 《과학오디세이 라이프 : 인간, 생명, 그리고 마음》, 안중호, MID, 2021
- 《뇌 과학의 모든 역사》, 매튜 콥, 이한나 옮김, 심심, 2021
- 《다정한 것이 살아남는다》, 브라이언 헤어, 버네사 우즈, 이민아 옮김, 디플롯,

2021
- 《빅퀘스천 과학》, 헤일리 버치, 문 키트 루이, 콜린 스튜어트, 곽영직 옮김, 지브레인, 2021
- 《빌 게이츠, 기후재앙을 피하는 법》, 빌 게이츠, 김영사, 2021
- 《이토록 뜻밖의 뇌과학》, 리사 펠트먼 배럿, 변지영 옮김, 더퀘스트, 2021
- 《오무아무아》, 아비 로브, 강세중 옮김, 쌤앤파커스, 2021
- 《남극에 운명의 날 빙하가 있다고?》, 남성현, 나무를 심는 사람들, 2022
- 《생각은 어떻게 행동이 되는가》, 데이비드 바드르, 김한영 옮김, 해나무, 2022
- 《우리는 각자의 세계가 된다》, 데이비드 이글먼, 김승욱 옮김, 알에이치코리아, 2022
- 《지구는 괜찮아, 우리가 문제지》, 곽재식, 어크로스, 2022
- 《플라스틱 시대》, 이찬희, 서울대학교출판문화원, 2022
- 《우주 상상력 공장》, 권재술, 특별한 서재, 2023
- 《화이트 스카이》, 엘리자베스 콜버트, 김보영 옮김, 쌤앤파커스, 2022
- 《The Frontiers of Knowledge》, A. C. Grayling, Penguin UK, 2022
- 《나의 첫 뇌과학 수업》 앨리슨 콜드웰, 미카 콜드웰, 김아림 옮김, 롤러코스터, 2023
- 《하늘을 날면서 잠을 잔다고?》, 옥타비오 핀토스, 마르틴 야누치, 킨더랜드, 2023
- 잡지 〈BBC사이언스코리아〉 2021년 07월호~2022년 08월호

참고 기사

- 〈생명체 탄생의 비밀을 간직한 '열수분출공(熱水噴出孔)'〉, 김웅서, KISTI의 과학향기, 2005

- 〈뇌사와 식물인간은 다르다?〉, 김정훈, KISTI의 과학향기, 2008
- 〈석기시대, 청동기시대, 철기시대. 지금 우리는 플라스틱 시대〉, 진정일, GS칼텍스 에너지, 2013
- 〈혈관 찾기 도사 '모기'의 신비 풀렸다〉, 이재웅, 동아사이언스, 2015
- 〈시베리아에 탄저균 확산… 유목민 덮친 온난화〉, 손병호, 국민일보, 2016
- 〈인류世에 여섯 번째 대멸종 올 수도 … 지속가능한 방법 찾아야〉, 이정모, 중앙선데이, 2017
- 〈지질학적으로 현세는 '인류세'…지표 화석은 '치킨'〉, 조홍섭, 한겨레, 2018
- 〈누가 외치를 죽였는가>, 신동훈, The HERITAGE TRIBUNE, 2019
- 〈빅뱅으로 시작한 우주, 종말이 있을까〉, 서동준, 동아사이언스, 2019
- 〈인간의 유전자를 건드려야 할까? 유전자 편집 아기의 등장〉, 홍종래, KISTI의 과학향기, 2019
- 〈[주말 고고학산책]냉동인간 '외치'는 왜 알프스 계곡에서 숨을 거뒀나〉, 고은별, 동아사이언스, 2019
- 〈책을 읽지 않는 사람의 뇌는 퇴화한다〉, 장은수, 중앙일보, 2019
- 〈360도로 본 세계 최대 산호초의 '하얀 비명'[VR 영상]〉, 남궁민, 중앙일보, 2020
- 〈[사이언스N사피엔스] 다윈의 항해〉, 이종필, 동아사이언스, 2020
- 〈우주 팽창에 대해 우리가 잘못 알고 있는 것들〉, 지웅배, 비즈한국, 2020
- 〈기후위기의 마지노선, 심해가 끓고 있다〉, 이병철, 동아사이언스, 2021
- 〈기후변화가 박쥐 숲 서식지 키워 코로나 창궐시켰다〉, 이근영, 한겨레, 2021
- 〈달과 지구 잇는 엘리베이터가 건설된다?〉 김준래, 사이언스타임즈, 2021
- 〈물은 왜 생명의 근원이 되었을까〉, 윤상석, 사이언스타임즈, 2021
- 〈우주와 인간의 뇌 신경은 왜 닮았을까〉, 지웅배, 비즈한국, 2021
- 〈프랑켄슈타인 영감 준 '실제 충격 실험'〉, 함예솔, 이웃집 과학자, 2021

- 〈티베트고원 만년설 얼음시료서 약 1만 5천 년 전 바이러스 확인〉, 엄남석, 연합뉴스, 2021
- 〈날씨 조작 국가 지켜보던 WTO 전 사무총장 결단〉, 남예진, 뉴스펭귄, 2022
- 〈빌 게이츠와 백악관이 기후위기 해법으로 주목하는 '지구공학' 무엇?〉, 이상호, 비즈니스포스트, 2022
- 〈배양육 상품화 '청신호'…아기 소 희생 없는 '무혈청 배양액' 잇단 개발〉, 곽노필, 한겨레, 2022
- 〈[일상 속 뇌과학] 자면서 짧게 뒤척일 때 기억이 정리된다〉, 박형주, 동아사이언스, 2022
- 〈"대물림될 수 있는 인간유전체편집은 '시기상조'..연구윤리 제도 아직 부족해"〉, 홍아름, 조선일보, 2023

참고 사이트

- 인공신경망과 그 응용, https://www.geeksforgeeks.org/artificial-neural-networks-and-its-applications
- 우주망, https://universe.nasa.gov/resources/89/cosmic-web
- 연천 전곡리 주먹도끼(국립중앙박물관), https://www.museum.go.kr/site/main/relic/recommend/view?relicRecommendId=166331
- 카우스피라시, https://www.cowspiracy.com
- ESA,
  https://www.esa.int/Science_Exploration/Human_and_Robotic_Exploration/Exploration/ExoMars/ESA_s_Mars_rover_has_a_name_Rosalind_Franklin
  https://www.esa.int/Science_Exploration/Human_and_Robotic_Exploration/

Exploration/ExoMars/From_Earth_to_Mars_Rosalind_Franklin_s_centenary_of_science
- Bill gates, 〈the deadliest animals in the world〉, gatesnotes, 2014, https://www.gatesnotes.com/Most-Lethal-Animal-Mosquito-Week
- IPCC 평가보고서, https://archive.ipcc.ch/publications_and_data/ar4/wg1/en/ch2s2-10-2.html

참고 영상

- EBS 〈위대한 수업, 그레이트마인즈 시즌 1 - 여분 차원과 암흑 물질 | 리사 랜들〉
- EBS 〈당신의 문해력 1부 - 읽지 못하는 사람들〉
- 〈카우스피라시〉, 감독 킵 안데르센, 키간 쿤, 넷플릭스, 2014
- EBS 〈다큐프라임 - 인류세〉
- 유튜브 〈사피엔스 스튜디오: 이정모 국립과천과학관 관장 | 공룡 멸종을 비롯한 대멸종을 관통하는 공식이 있다?! 인류를 덮칠 소행성 충돌급 위기는?〉
- 유튜브 〈지식은날리지: 인간의 뇌는 위험한 도박을 했다 | 뇌 가소성, 뇌과학 이야기〉
- 테드 〈Why do we dream? - Amy Adkins〉

참고 강연

- 최재천 - 2021년 서울국제도서전 주제 강연 〈굿닛, 자연이 우릴 쉬어 가라 하네〉
- 이명헌 - 2023년 과학책방 갈다 칼 세이건 살롱 〈잊혀진 조상의 그림자〉

기타 참고

• 네이버 지식백과 및 위키피디아를 참고하였습니다.

어쩌면 당신이 원했던

과학이야기

펴낸날 초판 1쇄 2024년 1월 30일
2쇄 2024년 2월 14일

지은이 이송교

펴낸이 강진수
편 집 김은숙
디자인 이재원

인 쇄 (주)사피엔스컬쳐

펴낸곳 (주)북스고 **출판등록** 제2017-000136호 2017년 11월 23일
주 소 서울시 중구 서소문로 116 유원빌딩 1511호
전 화 (02) 6403-0042 **팩 스** (02) 6499-1053

ISBN 979-11-6760-064-6 03400